无人机编程实战

基于ArduPilot和Pixhawk

Advanced Robotic Vehicles Programming
An ArduPilot and Pixhawk Approach

胡里奥·阿尔贝托·门多萨–门多萨(Julio Alberto Mendoza-Mendoza)

维克多·冈萨雷斯–维雷拉(Victor Gonzalez-Villela)

[墨]　加布里埃尔·塞普尔韦达–塞万提斯(Gabriel Sepulveda-Cervantes)　　著

毛里西奥·门德斯–马丁内斯(Mauricio Mendez-Martinez)

温贝托·索萨–阿苏埃拉(Humberto Sossa-Azuela)

徐坚　张利明　吴文峰　李佳蓓　译

机械工业出版社
CHINA MACHINE PRESS

图书在版编目（CIP）数据

无人机编程实战：基于 ArduPilot 和 Pixhawk /（墨西哥）胡里奥·阿尔贝托·门多萨 - 门多萨等著；徐坚等译 . -- 北京：机械工业出版社，2021.6（2024.5 重印）

（机器人设计与制作系列）

书名原文：Advanced Robotic Vehicles Programming: An ArduPilot and Pixhawk Approach

ISBN 978-7-111-68758-0

I. ①无⋯ II. ①胡⋯ ②徐⋯ III. ①无人驾驶飞机 - 程序设计 IV. ① V279

中国版本图书馆 CIP 数据核字（2021）第 144084 号

北京市版权局著作权合同登记 图字：01-2020-7591 号。

First published in English under the title:

Advanced Robotic Vehicles Programming: An ArduPilot and Pixhawk Approach,

by Julio Alberto Mendoza-Mendoza, Victor Gonzalez-Villela.

Copyright © 2020 by Julio Alberto Mendoza-Mendoza, Victor Gonzalez-Villela.

This edition has been translated and published under licence from

Apress Media, LLC, part of Springer Nature.

Chinese simplified language edition published by China Machine Press, Copyright © 2021.

This edition is licensed for distribution and sale in the Chinese mainland (excluding Hong Kong SAR, Macao SAR and Taiwan) and may not be distributed and sold elsewhere.

本书原版由 Apress 出版社出版。

本书简体字中文版由 Apress 出版社授权机械工业出版社独家出版。未经出版者预先书面许可，不得以任何方式复制或抄袭本书的任何部分。

此版本仅限在中国大陆地区（不包括香港、澳门特别行政区及台湾地区）销售发行，未经授权的本书出口将被视为违反版权法的行为。

无人机编程实战：基于 ArduPilot 和 Pixhawk

出版发行：机械工业出版社（北京市西城区百万庄大街 22 号　邮政编码：100037）

责任编辑：王春华　　刘　锋　　　　　　责任校对：殷　虹

印　　刷：北京建宏印刷有限公司　　　　版　　次：2024 年 5 月第 1 版第 4 次印刷

开　　本：186mm×240mm　1/16　　　　印　　张：16.25

书　　号：ISBN 978-7-111-68758-0　　　定　　价：99.00 元

客服电话：（010）88361066　68326294

The Translator's Words | 译者序

近年来，自动驾驶技术的研究如火如荼，各种飞行控制软件和无人机硬件标准也应运而生。ArduPilot 是专为无人机构建的一款开源自动驾驶仪软件程序，它也是一款非常精细的飞行控制系统，提供了一整套适用于几乎所有无人机和应用程序的工具。基于它可以创建和使用可依赖的、自主的、自动驾驶的车辆系统。与此同时，Pixhawk 作为无人机硬件的开放标准，为无人机系统开发提供了现成的硬件规格和指南。

为帮助读者在 Pixhawk 上基于 ArduPilot 库进行高级自动驾驶编程，本书以翔实的示例代码讲授了 ArduPilot 库的功能和 Pixhawk 自动驾驶仪。本书包括三部分：引言、顺序操作模式和实时模式。每个部分都有翔实的代码，也附有作者建议的参考资料以满足读者进一步学习的需要。通过阅读本书，读者可在本书的指导下开发原型系统。

本书的技术性、可操作性强，比较适合爱好自动驾驶编程的读者。本书的翻译工作得到了民族教育信息化教育部重点实验室、民族教育信息化教育部重点实验室 2020 开放基金项目以及云南师范大学 2020 年度研究生科研创新基金项目的资助，得到了同行、老师、学生和朋友们的帮助和鼓励，在此表示诚挚的谢意。书中文字与内容力求忠于原著，但限于译者水平有限，时间仓促，译文中难免有疏漏之处，敬请读者批评指正。

译者

2020 年 9 月于云南昆明

前言 | Preface

　　本书的目的是讲授 ArduPilot 库的功能以及以四旋翼通用多旋翼飞机为例的 Pixhawk 自动驾驶仪，同时也提供了其他类型的定制飞行器（参见附录8）、陆地或水上交通工具，以及与上述库兼容的其他自动驾驶仪扩展知识的指南。

　　本书包括三个部分：第一部分（引言）介绍自动驾驶仪和库的特性；第二部分（顺序操作模式）着重于对 ArduPilot 库的最重要部分的理解，描述了代码的每个主要组成部分；第三部分（实时模式）介绍高级特性，目的是将获得的知识扩展到实时应用程序。每个部分都详细描述了代码及其组件、应用程序和交互，当然，还有作者建议的参考书目，供那些想要深入学习的读者参考。

　　应该指出，ArduPilot 库的使用并非 Pixhawk 自动驾驶仪所独有，还可以扩展到许多其他平台。但是，作者喜欢根据其性能来采用这种组合。这意味着，本书提供了基于这些库的实训，并允许最终用户对其工作进行调整以适应广泛的自动驾驶仪和测试平台。

先验知识

本书的读者至少应具有高中学历或技术学士学位。

必需的知识

编程：了解如何使用 Arduino 是必要的起点。

经济实力：进行自动驾驶研究时，购买各种零部件的成本较高。你应该有能力购买或组装自己的飞行器和相应的零件。

英语：为了解决某些问题，通常需要访问国外的论坛和商店，或观看英语视频，因此有必要具有中等英语水平。

最好有但非必需的知识

数学：你应该了解向量和矩阵的基本推导以及基本运算。

物理和控制：你应该了解阻尼谐振荡器和 PD 控制的概念、力和扭矩的概念、坐标系的使用以及如何求解运动和力的分量。

预期结果

通过阅读本书，你将能够：

❑ 以先进的方式对 Pixhawk 进行编程。Pixhawk 是 ETH 创建的开源自动驾驶仪，广泛用于自动驾驶仪的研发领域。

❑ 使用 ArduPilot 库，该库是世界上大多数用户进行自动驾驶仪研究和开发的软件开发接口之一。

❑ 以一种非常具体的方式利用四轴飞行器模拟和实现任何空中、地面和水上自动驾驶的基本半自动控制。

❑ 将理论与实践相结合，开发自动驾驶仪。

❑ 在自动驾驶仪的设计过程中选择硬件和软件组件。

❑ 使用与本书介绍的技术兼容的其他硬件和软件开发包。

❑ 熟悉该领域常用的科学和技术术语。

❑ 熟悉该领域相关的文章和书籍。

❑ 通过全向飞行器的基本理论，将四轴飞行器应用的知识扩展到三维飞行器上（即可以实现"任意方向"和"任意位置"）。

❑ 在构建自己的自动驾驶仪（通过编程微控制器、数字信号处理器（DSP）、现场可编程门阵列（FPGA）、嵌入式卡或任何其他方法）时，确定与自动驾驶最相关的复杂事项和操作流程。

许可证

ArduPilot 库和 Mission Planner 软件是 GPLv3 免许可证软件，可以按照自由软件基金会（www.fsf.org/）所述的 GNU GPLv3 条款和限制重新分发或修改它们。

发布代码和程序的目的是希望它们有用，但没有任何保证，甚至没有对特定用途的适销性的隐含保证。有关更多详细信息，请参见 GNU 项目的"通用公共许可证"部分。

❑ ArduPilot 库可以从 http://ardupilot.org/dev/docs/apmcopter-programming-libraries.html 下载。

❑ 可以从 http://ardupilot.org/planner/ 下载 Mission Planner 软件。

❑ Pixhawk 自动驾驶仪具有属于 Lorenz Meier 的 CC-BY-SA 3.0 许可证（https://creativecommons.org/licenses/bysa/3.0/deed.es）。

❑ 其官方文档位于 https://dev.px4.io/en/contribute/licenses.html。

❑ PX4 库具有修改的 BSD 许可证（https://opensource.org/licenses/BSD-3-Clause）。

几乎所有终端都是公共领域的软件。我们建议使用 terminal.exe、putty 或任何其他等效工具。

Java SE 开发工具包 8u111 更新了名为 jdk-8u111-windows-i586.exe 的可执行文件，它属于 Oracle，并且仅在需要正确执行包含在库中的 Eclipse 版本的情况下才需要从 www.oracle.com/technetwork/java/javase/downloads/java-archive-javase8-2177648.html 下载。

责任条款

出版商、作者、ArduPilot 或 Pixhawk 项目的开发社区都不对读者使用本书知识设计、编程或操作的任何飞行器或机器人承担任何责任。

每一位读者都有责任做到以下几点：

1. 阅读并正确理解这本书的全文。

2. 对个人项目有适当的权限和安全措施。

3. 为项目使用合适的材料和设备。

无论是出版商、作者，还是 ArduPilot 或 Pixhawk 项目的开发社区，都不会回复与每个读者的个人项目相关的问题或看法，无论这些项目有多重要或多紧急。要明白，这本书包含了足够详细的资料，在非常特殊的情况下，也可以访问在线论坛：

❑ http://discuss.px4.io/

❑ https://discuss.ardupilot.org/

❑ http://ardupilot.org/dev/docs/apmcopter-programming-libraries.html 的社区版块

无论是出版商、作者，还是 ArduPilot 或 Pixhawk 项目的开发社区，都不对读者在软件安装过程中或之后对他们的计算机设备或嵌入式系统造成的损害负责，每个读者都有责任按照所提供的说明进行操作。

无论是出版商还是作者，都不对 ArduPilot 开发社区或 Pixhawk 项目所产生的代码和语法变化负责。这是可以理解的，因为软件和硬件在不断发展。本书应该作为一个基础模板，以便理解未来的修改。

警告

在某些国家和地区，飞行器和所有类型的交通工具的使用都受到税收和法律的限制，因为设备、建筑物、生物和人都可能会受到影响。

即使用户拥有操作飞行器的所有合法许可，本书的目的也是教用户开发原型，因此用户测试必须在具有足够安全条件的封闭空间或为这些实验设计的开放非公共空间中进行。

读者必须避开公共场所或禁区。读者要对自己的测试负责，请避免侵权和事故。

特别注意锂聚合物电池。这些电池可能是易燃易爆的，这是额外的风险。

最后，如果缺乏必要的保养和设计，则使用飞行器及其部件的成本可能会变得昂贵，因此这是读者的责任。

在任何情况下，无论紧急程度如何，作者都不会对私人或公共项目做出答复。相反，我们建议读者在论坛上寻求答案。

致谢 | Acknowledgements

本书是 Quetzalcoatl、Ehecatl、Papalotl 和 Kukulkan 项目的成果，这些项目旨在设计和操作机械飞臂，该项目在墨西哥拥有五项专利程序，与以下机构和个人有着宝贵的合作：

☐ 墨西哥国立自治大学：将 DGAPA "UNAM 博士后奖学金计划"授予了第一作者（他自 2018 年以来一直是其工程学院机械与工业工程系高级工程中心的博士后研究员）。

☐ 墨西哥国立理工学院：通过 SIP 项目 20164905 部分赞助了这些研究。

第一作者想对访问和使用实验室的学者表示感谢，也要感谢 ESCOM、CMPL、帕丘卡理工大学（UPP）、Cinvestav 研究所和 CIDETEC 的研究者的参与，感谢 Carlos Aguilar Ibañez 博士、Miguel Santiago Suarez Castañon、Ramon Silva Ortigoza、Ricardo Barron、Erik Zamora、Jesus Chimal、Rogelio Lozano-Leal、Eduardo Steed、Filiberto Muñoz、Leonardo Fonseca Ruiz、Jose Antonio Aquino 和 Ignacio Garcia。特别值得一提的是伊达尔戈州立自治大学（UAEH）和墨西哥国立理工学院 UPIITA 的 Orlando Garcia Perez（我们的 ArduPilot 老师）和 Manuel Jesus Rodriguez（我们的好朋友兼教练），没有他们，这本书就不会存在。

感谢 Aidronix 的 Pedro Matabuena 提供的宣传和支持，Tornillos Irator、TDRG 和 Marco Hugo Reyes Larios 提供的书籍徽标设计支持，Juan Jesus Gonzalez 和 Hazur Socconini 的传播和专利支持，Proyectil MX 和墨西哥经济部长的 INADEM 2.4 项目，以及 Francisco Arteaga 和 Jesus Castillo 提供的 Quetzalcoatl 空中机械手徽标设计（www.behance.net/jcmd）。

Victor Gonzalez-Villela 感谢墨西哥国立自治大学 DGAPA 博士后奖学金的支持，以及墨西哥国立自治大学的"研究与技术创新项目支持计划"（PAPIIT）的部分财政支持和墨西哥国家科学技术理事会（CONACYT）通过"国家研究人员系统"（SNI 文件 57520）给予的支持。他要感谢所有为本书的出版做出贡献的人，以及 UNAM 的机电一体化研究小组的无条件支持和友谊（https://mechatronicsrg.wixsite.com/home）。

Gabriel Sepulveda-Cervantes 想要感谢他的家人给了他生命和成长的机会，并感谢他在所有项目中获得的支持。他还想感谢自己的爱好和工作——在动画、虚拟现实、触觉和电子游戏编程方面的研究。他还感谢 IPN 项目（授权号 SIP 20190245）。

Mauricio Mendez-Martinez 感谢他的家人、学生、老师和墨西哥国立理工学院 UPIITA 的同事。

Humberto Sossa-Azuela 感谢他的妻子 Rocio 的善良、耐心和无条件的支持，以及他的同事们为完成本书所做的专业工作。他还想感谢墨西哥国立理工学院和 CONACYT 对这个项目的经济支持，资助编号分别为 SIP 20190007 和 65（科学前沿）。

目录 | Contents

第二部分　顺序操作模式

第三部分 实时模式

第一部分

引　言

ADVANCED ROBOTIC VEHICLES
PROGRAMMING

第 1 章
硬件和软件说明

在本章中，我们将向你展示什么是自动驾驶仪。我们还将介绍整本书中使用的硬件和软件的特点和历史，包括 ArduPilot 库和 Pixhawk 自动驾驶仪。你将了解 GUI 和 SDK 之间的区别，以及有几种 SDK 可用于自动驾驶仪编程。此外，我们将讨论其他兼容的项目，你将学习区分克隆版本和原始版本。

1.1 自动驾驶仪

自动驾驶仪是一种嵌入式卡，设计用于在无人驾驶时执行机载操作，例如飞机飞行、自动驾驶汽车行驶、潜水机器人浸没或任何其他类型移动机器人的操作。

与开发卡不同，自动驾驶仪通常具有更大的处理能力和数据传输能力。这是因为：

1）读取方向和位置传感器。

2）从遥控器读取信号。

3）通过模拟端口或者数字或串行传输协议读取耦合到系统的其他传感器。

4）储存飞行数据以供以后统计或图形使用。

5）无人驾驶车辆使用无线网络与其他车辆或地面上的基站进行互通。

6）电池是可测量的。

7）发送视觉和声音警报。

8）处理控件。

9）对获得的数据进行过滤。

10）控件写入电机。

11）选定的过程在实时模块中执行。

12）要求数学运算在非常短的时间内执行完毕，例如大型矩阵的乘法、轨迹的计算以及速度和加速度的估计。

随着对资源的需求，开发卡往往会崩溃或根本无法达到这样的性能。例如，大型 Arduino 开发板在 490Hz 上不能运行超过一个无刷电机，因为它的时钟原则上只能管理一个 300Hz 频率的电机，从而影响了其他端口和系统的运行。

现在，如果我们将它与另一种类型的开发卡或更复杂、更专业的处理器（如树莓派（Raspberry Pi）或 FPGA）进行比较，则自动驾驶仪仅包含所需的最少设备，并且仅针对远程操作进行了优化。也就是说，写入足够数量的电机（例如 4~12 个）、写入辅助电机（例如伺服系统）、读取位置和方向数据、远程用户进行数据反馈和控制、存储飞行数据以及额外读取其他机载设备（距离传感器、GPS 冗余模块等）。因此，针对驾驶任务优化了空间、重量和功耗。

最著名的自动驾驶仪有 Pixhawk、Naza、ArduPilot、Crazyflie 和 CC3D。

1.2 自动驾驶仪的种类：SDK 与 GUI

有两种类型的自动驾驶仪（如图 1-1 所示）：

❏ 封闭式或半封闭式体系结构编程：在这种情况下，通常可以使用 GUI（图形用户界面）。之所以称为半封闭式编程，是因为用户只能通过高度可视化的交互式界面来修改预定义函数的参数，而这并不意味着知道特定的编程语言，例如，可以配置无人机要完成的路径，但是不能使用用户设计的控制器独立地对每个电机进行编程。本书使用的GUI 是 Mission Planner，但仅用作图形可视化、遥测通信器匹配、将设计的程序加载到自动驾驶仪以及提取飞行记忆数据的方式。

❏ 开放式体系结构编程：这种情况使用了 SDK（软件开发工具包）。这里程序是开放的，用户可以修改飞行参数，也可以自己执行整个飞行执行算法。这包括传感器的读取和过滤、自身传感器的合并、存储数据的选择，以及每个引擎的单独写入。这种方法需要具备特定编程语言的知识。

GUI

图 1-1 GUI 与 SDK 接口

SDK

图 1-1 （续）

1.3 SDK 的种类

对于交通工具，尤其是无人机，有三种类型的 SDK（如图 1-2 所示）：

□ 具有偏航旋转的笛卡尔指令模式：在这种情况下，无人机只能作为一个在 X、Y 和 Z 方向移动并能够在其垂直轴上转动的块进行"控制"。在这种情况下，SDK 仅接受位置和旋转参考，并且不可能在较低级别上命令每个组件（电机、传感器、主控制器等）。例如，请参阅附录 1。

□ 高度指令模式和姿态：在这种情况下，无人机只能作为一个在 Z 方向移动、在其三个运动轴上旋转的块来控制。这是一个相当强大的开发界面，因为尽管它允许无人机发出的命令更接近控制、机器人和人工视觉（以及其他领域）专家所需的命令，但它仍然不允许最基本的控制和设计——电机级控制。最新的 Ardrone 多轴飞行器的 SDK 版本就是这种情况。

□ 每个电机的指令模式：此 SDK 允许你控制每个引擎。机组的飞行由设计者负责。Pixhawk 和 ArduPilot 库就属于这种情况，如果你不阅读广泛的手册或本书，这将有风险。但是它为设计人员提供了对飞机或车辆的所有组件和行为的更好控制

（请记住，"能力越大，责任越大"）。这也是一种非常强大的模式，因为它不仅允许你控制标准飞行器，而且还可以自定义设计或制造不存在的飞行器（请参阅附录 8 ）。

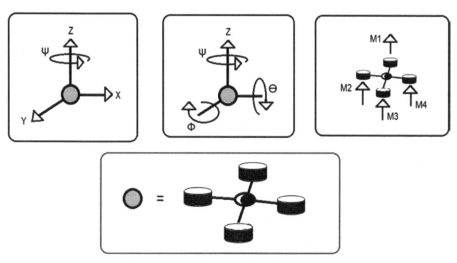

图 1-2　各种 SDK。顶行（按从左到右的顺序）：具有偏航旋转的笛卡儿指令模式、高度指令模式和姿态以及每个电机的指令模式。下行：四轴飞行器质点表示

1.4　Pixhawk 自动驾驶仪（硬件）

Pixhawk 的历史可以追溯到 2008 年。它最初是 Lorenz Meier 在瑞士苏黎世联邦理工学院（ETH）开发的一个学生项目，由 3DR 公司在 2012 年年中推向市场。在本书中，你将看到 ETH 是无人机设计历史的重要组成部分。

Pixhawk 的 FMUv2 版本（将在本书中使用）具有以下功能（请注意，它们在制造商和克隆之间会有所变化）：

❏ 处理器：

■ 32 位 STM32F427

■ 168MHz RAM 256Kb

■ 2MB 闪存

❏ 集成传感器：

■ 具有 16 位分辨率的 ST Micro L3GD20 的 3 轴陀螺仪

■ 带有 3 轴磁力计和 14 位分辨率 ST Micro LSM303D 的加速度计

■ 带冗余 3 轴陀螺仪 Invensense MPU 6000 的加速度计

■ 气压计 MS5611

- 有些版本具有 GPS
- 重量和尺寸：
  - 33 ～ 40 克，取决于型号和制造商
  - 大约 $80 \times 45 \times 15$（mm）
- 功耗：
  - 从 7.5 到 37V（2-10s 电池）
- 通信端口：
  - I2C
  - 模拟输入 3.3V 和 6V
  - SPI
  - MicroUSB
  - Futaba 和 Spektrum 无线电端口
  - 电源端口
  - CAN
  - 5 个 UART
  - PPM 端口
  - microSD

在本书中，我们将使用 Pixhawk 版本 1 或其克隆版本 2.4.8 或 2.4.6（请注意，它们只是名称，因为自动驾驶仪的真正版本 2 始于 2017 年）。但是这些库的使用可扩展到 Pixhawk 系列的其他自动驾驶仪，甚至其他系列的自动驾驶仪和无人机。兼容性表可从 http://ardupilot.org/dev/docs/building-the-code.html 获得。

如上所述，尽管版本 1 或其克隆版本包含更多端口，但本书中使用最多的端口如下（如图 1-3 所示）：

- 串行通信端口（有线）：通过此端口，可以连接 Arduino 或任何其他开发卡，以进行外部数据处理并仅接收简化的信息。例如，使用树莓派进行图像处理来识别对象的位置，并通过标准的串行协议将这些位置发送到 Pixhawk。参见图 1-3 中的 FRONT 3。
- 串行通信端口（无线）：通过此端口，可以连接内部通信联络系统，以便在自动驾驶仪之间无线传输数据（高度、角度、操作顺序）。请勿将此与无线电控制端口混淆，该接口的工作频率为 915Hz，欧洲和具有欧洲标准的国家 / 地区除外。参见图 1-3 中的 FRONT 2。
- 模拟接口端口：通过这些端口，可以连接模拟传感器，如电位计、超声波位置传感器、温度传感器或压力传感器。Pixhawk 具有三个模拟端口，一个为 6.6V，两个共用 3.3V 电压。参见图 1-3 中的 FRONT 13 和 FRONT 14。
- 数字接口的端口：可以将这些端口用作 GPIO 端口（通用数字输入和输出端口）。有了

它们，就可以使用按钮、LED（发光二极管）或任何其他与二进制逻辑兼容的（开和关）设备。它们与辅助 PWM 端口共享。参见图 1-3 中的辅助插槽 PWM。

☐ 无刷电机的快速 PWM 端口：这些端口用于连接系统的主电机，并以 419Hz 的频率运行。参见图 1-3 中的主插槽 PWM。

☐ 慢速写入的 PWM 端口或辅助端口：这些端口针对伺服系统和电机，用于系统的二次操作（散热片、支撑机械臂、相机稳定器等）。它们的工作频率为 50Hz。参见图 1-3 中的辅助插槽 PWM。

☐ 无线电接口端口：最常用的是 PPM 端口，请勿与无线通信的串行端口混淆。它们的工作方式允许用户手动控制无人机。这可以用作紧急停止或以半自动方式激活一系列操作（起飞、轨迹跟随、旋转和锚定、下降）。除在具有欧洲标准的国家 / 地区外，此接口的工作频率为 3MHz。参见图 1-3 中的 RC 输入端口。

☐ LED 信号灯：这是东芝的设备，用于显示警报信号。参见图 1-3 中的 FRONT 15。

☐ SD 内存端口：存储飞行数据，以便以后用于统计数据或图形。参见图 1-3 中的 SIDES 2。

☐ 紧急或辅助蜂鸣器：用于激活各种声音警报。参见图 1-3 中的 FRONT 8。

☐ 安全开关：如果未激活，则电机将不会转动。安全开关是一个按钮，可避免由于不必要的行为而对螺旋桨或电机造成伤害或损坏。参见图 1-3 中的 FRONT 7。

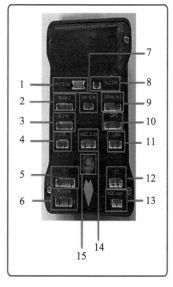

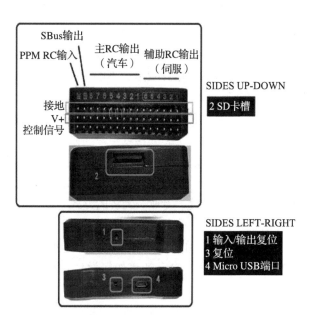

图 1-3　Pixhawk 端口

1.5 克隆版本与原始版本

Pixhawk 原始版本相对于克隆版本的优势主要体现在传感器的性能和电机的响应方面。但是，出于原型设计的目的，克隆版本和原始版本均可接受。

克隆版本的优点是：价格高，可以从市场上获得（很难获得版本 1 的原始 Pixhawk）以及与原始版本具有中到高的兼容性。

克隆版本的缺点是：一些批次有缺陷，某些单元的表面处理不好，因此有必要进行一些调整（切割和穿孔）才能使用端口。

尽管这些克隆版本标有数字 2.4.8、2.4.6 等，但应记住，这些只是它们的品牌名称，这些数字与官方称为 FMUv2 的 Pixhawk 原始版本相对应。这是令人困惑的，因为当前存在 Pixhawk 的原始版本 2.0，该版本对应于 FMUv3。在处理原始版本或克隆版本时，只要知道它们拥有的是哪个版本的 FMU 硬件就足够了（有趣的是，目前有一个商业名称为 Pixhawk4 的商业版本的 FMUv5）。FMU 的术语是指飞行管理单位。FMUv1 版本对应于称为 PX4 的基础硬件项目，该项目目前已不存在。

知道哪个 FMU 版本具有克隆卡或原始卡非常重要，因为你将使用的编程库的代码编译取决于此。我们也推荐阅读 https://docs.px4.io/en/flight_controller/pixhawk_series.html。

1.6 商业自动驾驶仪与你自己的设计

如前所述，Pixhawk 最初是 ETH 原型硬件开发的结果，随着时间的推移，它成了相对标准化的商业选择。设计稳定的自动驾驶仪需要花费数月甚至数年的时间，而且正如已经强调的那样，仅仅知道如何使用开发卡还不够。它涉及低水平的软件开发和深入了解可编程器件（如微控制器、FPGA、DSP、微处理器等），还涉及执行中断、生成 pwm 信号、实时生成过程、开发无线发射器所需的汇编语言或其他机器语言，以及管理和开发通信总线中的数据传输协议以及其他需要的特性。

对于掌握此类知识的用户，虽然开发自制的自动驾驶仪是可行的，但要花很多时间来完成，这就是为什么 Pixhawk 的硬件和软件，以及它在近十年时间里积累的大量文档和成千上万的全球用户，能以快速、专业、经济的方式达成简单而实用的替代方案。

换句话说，通过使用麻省理工学院教授 Anant Agarwal 在 edx 平台上的集中抽象概念，Pixhawk 和其他自动驾驶仪，连同它们的编程库，已经达到了这样一个水平：编写高级水平的任务不需要用户自己知道如何设计自动驾驶仪，但要知道如何使用一种中级编程语言。

这使开发人员可以专注于高级编程（C++、Java、Python 等）和控制理论。

但是，对于对这些平台的开发感兴趣的读者，建议阅读本部分的参考资料。

1.7　ArduPilot 库（软件）

尽管 Pixhawk 与 GUI、Mission Planner 兼容，但它也支持 ArduPilot 和 PX4 的 SDK。鉴于它相对容易使用，实现速度快，并且与 Arduino 编码兼容，本书将介绍第一个 SDK。实际上，ArduPilot 库的名字来源于该项目：ARDUPILOT MEGA。

有趣的是，ArduPilot 库的名称（参见图 1-4）基于与 Pixhawk 并行的硬件项目，称为 ArduPilot 导航卡，由 3DR 公司开发。当开发人员意识到基于 Arduino 的硬件的局限性及其软件优势之后，他们选择保留该软件并迁移到 Pixhawk 基本自动驾驶仪，这一切大约发生在 2012 年。

图 1-4　ArduPilot 徽标

最后，知道如何使用这些库不会限制自动驾驶仪，因为它们可以与其他项目（navIO、ErleBrain 等）一起使用。

1.8　兼容性和类似项目

Pixhawk 自动驾驶仪与 ArduPilot、PX4、Dronekit、Mavros 库，甚至 Parrot Bebop 无人机硬件兼容。另一方面，ArduPilot 库与 Pixhawk 自动驾驶仪、APM、Snapdragon、ErleBrain NAVio 和 Parrot Bebop 无人机兼容。兼容性的完整列表以及当前不支持的版本可以在其各自的网页上找到。

类似的 SDK 项目有：

❑ PX4

❑ Paparazzi

❑ Crazyflie

❑ Dronekit

1.9 硬件和软件之间的困惑

如前所述，软件和硬件共享名称，这有点令人困惑。因此，你应该查阅表 1-1。

表 1-1 ArduPilot 和 Pixhawk 项目的命名法

项目名称	PX4 (Pixhawk)	ArduPilot
兼容的硬件（自动驾驶仪和嵌入式卡）	Pixhawk 族、Snapdragon 等	Pixhawk 族、ArduPilot 板、Erlebrains、PxBerry 等
软件	PX4 库	ArduPilot 库

1.10 本章小结

在本章中，你学习了以下内容：

❑ 什么是自动驾驶仪及其设计信息

❑ Pixhawk 和 ArduPilot 项目的历史和一般信息

❑ SDK 和 GUI 之间的区别，以及基于无人机控制级别的不同类型的可用 SDK

❑ 相关项目和兼容性

❑ 如何区分克隆和原始自动驾驶仪及其相应的优缺点

在第 2 章，你将学习有关 ArduPilot 库的工作环境的一般情况，以及对于那些选择使用本书附带的库版本的人员而言具有重要意义的某些特定特征。

第 2 章
ArduPilot 工作环境

在本章中，你将学习 ArduPilot 库常用的文件类型和一些特定类型的变量。你将了解我们推荐用于项目开发的编程流程。你还将通过本书随附的库版本预装的 Eclipse 接口开发环境（IDE）的示例，了解如何创建项目和识别错误。最后，你将探索 ArduPilot 库与开发板相结合使用的方法。

2.1　ArduPilot 库的相关文件类型

主要有两种重要的文件扩展名：
- ❑ *.pde：尽管名称看起来有点古怪，其实它是与 C/C++ 中的源代码关联的扩展名。事实上，正如你将在相应部分中看到的，你必须调整此扩展名，以便在编辑器和编译器中识别这种类型的文件。请注意，源代码编辑文件用的 C ++ 语言。
- ❑ *.px4：在本例中，它是编译 *.pde 文件后生成的可执行文件。该文件必须加载到相应的自动驾驶仪（本例中为 Pixhawk），其目的是激活先前在导航板上编码的函数。如你所见，它们是 Pixhawk 处理器的执行文件。

2.2　特定数据类型

由于 Pixhawk 是用于半自动驾驶仪的嵌入式单元，其内存根据操作时间有限制，因此在使用数据类型时必须格外小心。这意味着在这种情况下，仅声明变量 INT、FLOAT、CHAR 等是不够的，还需要声明其变体。例如，如果要存储飞行时间，则可以使用标准变量：int_16 t。

在这种情况下，你犯了两个错误。首先是变量 int_16 只能存储 64 000 个带符号的数字。此外，你将浪费一半的空间，因为变量 int 存储从 -32 000 到 32 000 之间的数据，并且由于你将不会测量负时间（因为它总是从零开始），因此无法使用负数 32 000。

第二个错误是，如果你想以毫秒为单位节省时间，则只能节省 32 000 毫秒，即只有 32 秒的飞行时间。

接下来的问题是，如何扩展这些范围？答案是使用子类型。例如，uint_32t 仅存储 0 到 4 300 000 000 范围内的正整数（u 是无符号的，因此仅是正数），等于 71 600 飞行分钟！

让我们再看一个例子，这次是电机。电机仅接受"运行百分比"。这些百分比从零（表示"完全关闭"）到正数（表示最大速度值或"完全打开"）。标准电机的范围是 1000 到 2000，因此使用 uint_16t 就足够了，最多可以使用 65 536 的值。请注意，u_int8t 变量只包含 0 到 255 之间的值。

另一个示例是标准串行传输，它仅接受从 0 到 255 的 8 位数字。在这种情况下，使用 uint_8t 很方便。

实现提示：PPM、PWM、1000 或 2000 ？

无须赘述，PWM 和 PPM 都是将信号数字化进行编码和传输的方法。这样，你便可以将数字重新解释为易于理解的语言，并将其发送给机器通信（二进制、0-1、逻辑、真 - 假、开 - 关等）。

在本书中以及自动驾驶仪的扩展文档中，我们使用术语 PWM。但是，应注意的是，Pixhawk 并没有使用通常的基于执行器操作百分比（占空比）的 PWM 来进行机械操作，而是基于时序的，这在伺服电机、无线电控制和无刷电机中非常常见。实际上，它被称为伺服控制的 PWM。这样，数字 1000 到 2000 表示以微秒为单位的"接通时间"的长度，其中 1000 是最小值，而 2000 是最大值，因为 1000 微秒等于 1 毫秒。根据各种消息来源，该标准来自老式无线电控制航空。

稍后你会看到，如果要将此 PWM 用于与伺服电机或 ESC 不同的设备（即直接用于直流电机），则需要重新转换为占空比模式。

另一方面，你有时也会找到术语 PPM，尽管它是另一种调制方式，但它基本上用于 PWM 信号的封装和多路复用。这意味着它是两个或多个信号的组合，并在单个通道中传输它们，从而减少了与无线电通信所需的物理电缆的数量。例如，自动驾驶仪 ArduPilot 没有 PPM 接收器，因此必须使用大量电缆与遥控器进行通信。

Pixhawk 使用伺服类型的 PWM 信号来接收无线电控制数据，并将数据发送到无刷电机或辅助伺服电机。在接收的情况下，它使用组合封装方法 PPM。

有关更多信息，请访问以下网站：

❏ https://discuss.ardupilot.org/t/understanding-ppm-vs-pwm/8197

❏ https://oscarliang.com/pwm-ppm-difference-conversion/

2.3 所用程序的描述和流程

通过 ArduPilot 库设计和实现的代码由图 2-1 所示的部分组成。

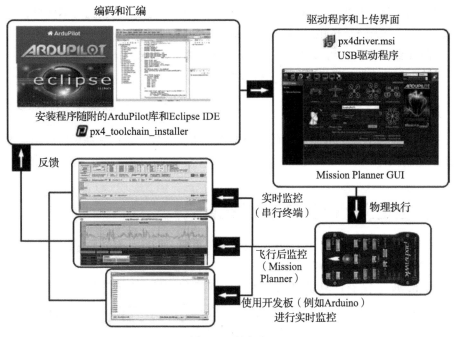

图 2-1　程序流

2.3.1　编码和编译

在这种情况下，必要的软件分为两个组件。第一个是一组 ArduPilot 库，允许开发中编写必要的命令；第二个是编译接口，就本书而言，是使用名为 px4_toolchain_installer 的安装程序将一个版本的 Eclipse 与 ArduPilot 库一同预安装（请参见相应的附录）。

2.3.2　连接和加载接口

该接口也分为两个组件。第一个是驱动程序，它允许你连接电脑的 USB 端口，使其可与 Pixhawk 自动驾驶仪一起使用。第二个是用于加载称为 Mission Planner 的自定义文件的 GUI。

2.3.3　物理执行

物理执行基本上是指由 Pixhawk 自动驾驶仪正确地加载由程序员开发的软件。

2.3.4　显示

可以通过三种方式来监督程序飞行数据分析执行或直接操作

1）**实时有线显示**：在飞行中不建议使用此有线模式。这是通过通用串行终端软件完成的。

2）**飞行后显示**：再次使用 MissionPlanner GUI 将飞行数据下载到文本文件，然后下载到绘图仪（Excel、Scilab、Python 等），或绘制从 SD 卡提取的数据。

3）**实时无线显示**：你可以通过 Arduino、树莓派、Beagle Bone 等辅助开发卡（如使用 Arduino 及其串口监测器）来查看实时飞行数据。

2.3.5　反馈

基于数据监测或自动驾驶仪执行的简单操作，再次开发的编码和编译阶段由修改程序的用户反馈并重新执行。

2.4　上传自定义代码到自动驾驶仪

本节对于正确实现本书其余部分中的代码至关重要。因此，有必要仔细阅读以下步骤：

1. 打开 Mission Planner 并检查 Pixhawk 端口。将 Pixhawk 连接到计算机时已分配端口。建议显示相应的选项卡，并确保它显示 PX4　FMU(COM#)。Windows 设备管理器中提供了相同的 COM 号。连接 Pixhawk 时，该端口不会更改。切勿按下连接按钮，参见图 2-2。如果这样做，Mission Planner GUI 将控制你的自动驾驶仪，你将无法使用它来加载自定义代码。

图 2-2　Mission Planner Pixhawk 端口

2. 在 Mission Planner 中，转到初始设置并安装固件。你应该会看到一个如图 2-3 所示的图形界面。在下方区域中找到一个名为"加载自定义固件"的选项，然后单击它。

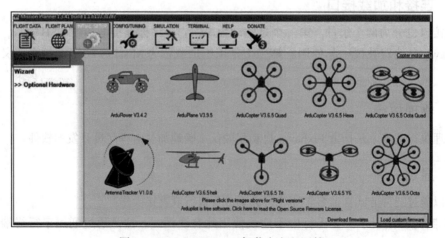

图 2-3　Mission Planner 加载自定义固件

3. 单击后，将出现一个导航框，如图 2-4 所示。搜索要上传到 Pixhawk 的 .px4 文件。请记住，.px4 是可执行文件的扩展名，它是在编译扩展名为 .pde 的可编辑文件之后获得的，你将在编译部分看到这一点。

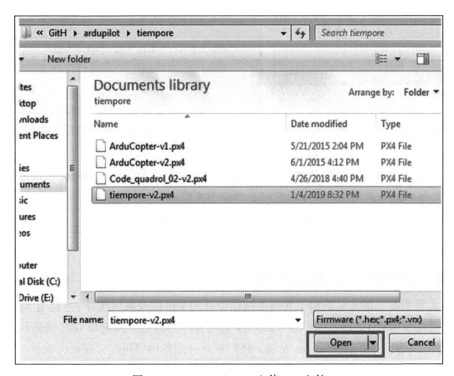

图 2-4　Mission Planner 上传 px4 文件

4. 执行上传程序。屏幕会要求你断开自动驾驶仪。按下 OK 按钮并重新连接。见图 2-5。

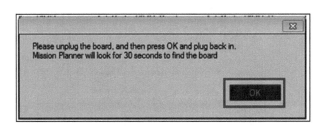

图 2-5　Mission Planner 上传提示

5. 如果文件没有正确加载，将出现一条错误消息（参见图 2-6）。只需重复步骤 4。

6. 如果固件上传成功，系统将通过一条消息提醒你必须等听到 Pixhawk 的声音后按 OK 键（见图 2-7）。只要连接了蜂鸣器或扬声器就会听到声音。如果没听到，你可以观察 LED。指示灯将变为白色，并且将发出明亮的光芒而不闪烁。

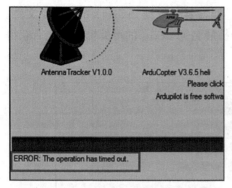

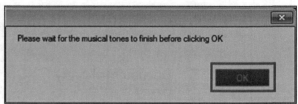

图 2-6　Mission Planner 上传的错误消息　　　图 2-7　Mission Planner 成功上传的信息

实现提示　本部分的关键是确保在连接自动驾驶仪后，Mission Planner 已启用"加载自定义固件"按钮。如果没有出现这种情况，你必须查找以前的或更高版本的 Mission Planner，直到找到允许安装自定义固件的版本。

2.5　使用 Eclipse 创建新项目

本节也很重要，因为它指出了如何使用你设计的文件以及如何编译它们。但请注意，因为这是仅适用于包含 Eclipse IDE 的 Windows 安装程序的方法，Eclipse IDE 也是开发代码的方式。因此，相对于其他 ArduPilot 安装，我们在此介绍的内容可能会有很大差异。

1.复制一个已存在的项目。这里我们用一个随机项目展示了这个过程，但是如果你没有项目，我们也提供了 hellodrone 文件夹，参见图 2-8。请注意，我们的 hellodrone 文件夹基于 arducopter 文件夹项目。

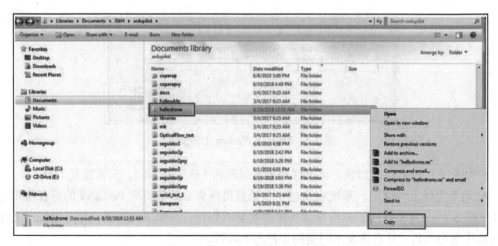

图 2-8　第一步：制作一个新项目

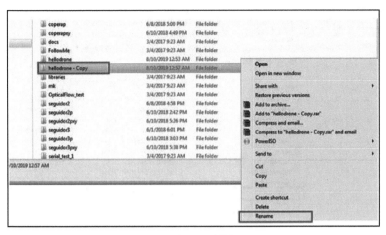

图 2-8 （续）

2. 更改复制文件夹的名称。在本例中，我们将其重命名为 `newtry`。在此文件夹中，你将找到前一个主文件（主文件与前一个文件夹同名），并且还要对其进行重命名，以便该文件与该文件夹具有相同的名称：`newtry.pde`。参见图 2-9。

3. 打开 px4 Eclipse（Windows ➤ PX4 Eclipse，因此，如果对话框要求你选择工作区，只需单击"确定"），然后关闭打开的程序（如果有）。请参见图 2-10。

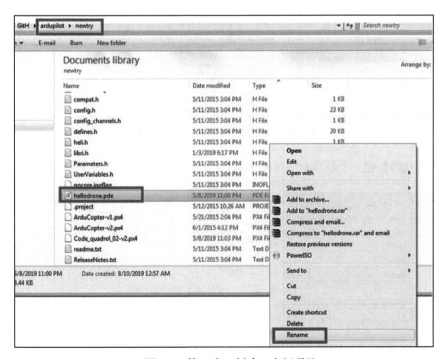

图 2-9 第二步：创建一个新项目

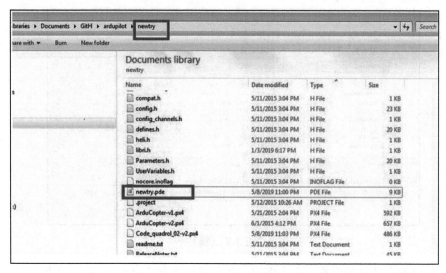

图 2-9 （续）

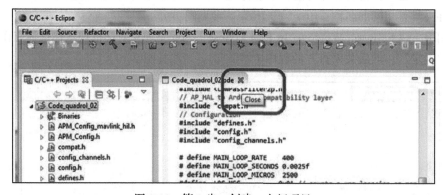

图 2-10　第 3 步：创建一个新项目

4. 从现有代码创建一个新项目。见图 2-11。

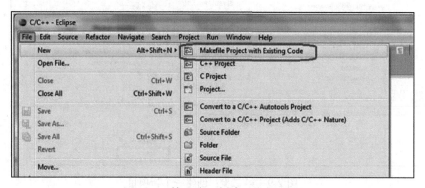

图 2-11　第 4 步：创建一个新项目

5.在弹出的窗口中，验证是否选择了 C、C++、Cross GCC 语言，然后单击搜索选项。在辅助窗口中，找到你需要的文件夹（对于本例，你正在寻找 newtry 文件夹）并按下 accept 选项。如果一切正常，主项目的名称将自动显示为 newtry。然后单击 Finish 按钮。参见图 2-12。

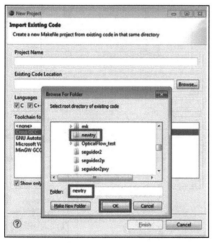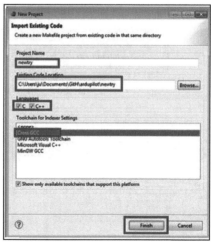

图 2-12　第 5 步：创建一个新项目

6.新项目将出现在下拉菜单中。打开主程序（newtry.pde）。可编译选项将出现在右侧。按下它，如果 px4-v2 出现，右键单击并删除它。接下来，同样通过右键单击也生成一个新的。这样做是为了避免新编译器从复制的文件夹继承数据。参见图 2-13。

7.单击 New 按钮，输入 px4-v2，然后单击 OK。现在，如果单击下拉文件夹，将出现新的编译器。右键单击它并点击 Build Target 按钮（或者简单地用标准的单击来执行它）。如图 2-14 所示。

图 2-13　第 6 步：创建一个新项目

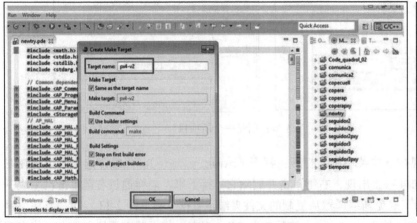

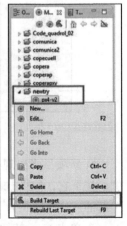

图 2-14　第 7 步：创建一个新项目

8.如果未发生代码错误，则说明编译成功。你还可以通过检查文件夹以查看 .px4 文件

是否与控制台中显示的时间共享相同的时间戳来验证这一点。你可能需要耐心等待。第一次
编译新项目时，它可能会很慢。请参阅图 2-15。

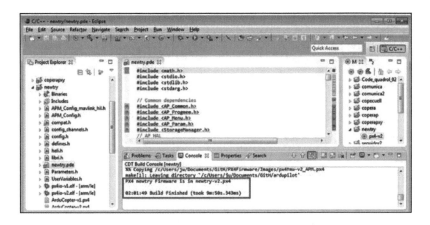

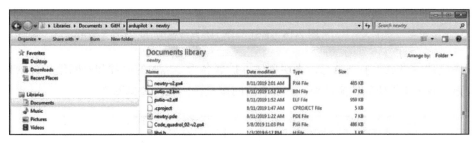

图 2-15   第 8 步：创建一个新项目

9. 现在可以重写主文件或其辅助文件并重新编译。

2.6   错误校验

编译过程完成后，可能会发生错误，也可能会圆满地完成编译。如果是后者，则终端将
指示生成了一个扩展名为 .px4 的文件，其名称以及创建日期与主文件的名称相同。这是你
将加载到无人机的文件。如果你在主文件夹中找不到该文件，或者创建日期与编译后的文件
不匹配，则说明存在编程错误。

注意：不要将命令或语法错误与 ArduPilot 编程的错误相混淆。尽管在代码编译之前会
突出显示命令语法中的错误，但是 ArduPilot 库命令在 C++ 中不是标准的，因此你不必担心
它们。相反，你应该关注编译后的错误。

为了进行错误验证，你必须始终使控制台（Console）选项卡处于激活状态。请记住，此
检查过程对 Eclipse 编辑器有效。如果 px4 库安装了另一个编辑器，则可能遵循另一序列的
错误识别。

编译代码的过程如下：通常编译过程很慢。因此，如果只需花费几秒钟或更少的时间来完成，而不是几分钟，那就有问题了。例如，在图 2-16 中，大约需要 9 分钟 50 秒。

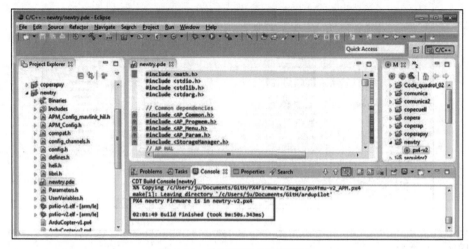

图 2-16 普通编译（进程缓慢）

编译成功后将显示一条消息，表明创建了扩展名为 .px4 的固件和时间戳。这意味着你可以检查 .px4 文件所在的文件夹，并查看时间戳是否匹配。参见图 2-17。

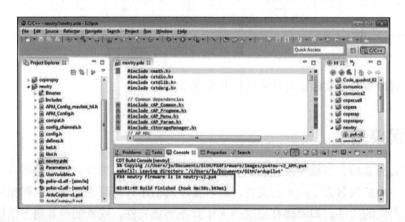

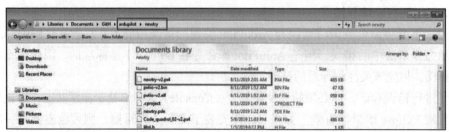

图 2-17 文件和控制台属性之间的成功编译比较

现在，我们来介绍一个典型的错误，并查看如何识别它。在此示例中，从第 210 行的代码中删除分号（;）。请参见图 2-18（你可以使用任何喜欢的行号来执行此操作）。

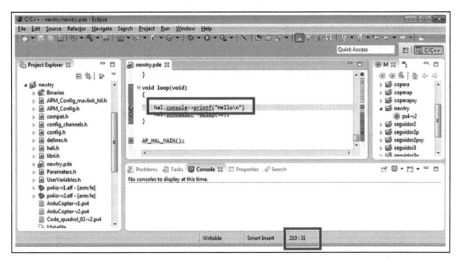

图 2-18 故意引入错误

保存并重新编译项目时，你会注意到以下一个或多个特征（请参见图 2-19）：

1. 非常快速的编译（本示例中为 56 秒）
2. 编译未显示生成扩展名为 .px4 的文件
3. 在完成的构建行之前有一条或多条错误消息

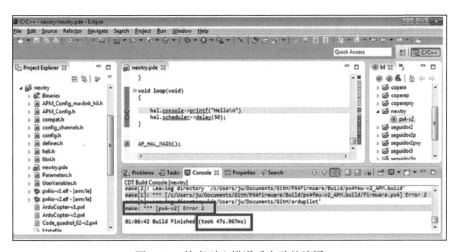

图 2-19 故意引入错误后失败的编译

此时，使用滚动条查找生成错误的行。该信息应该显示在错误消息本身的正上方。参见图 2-20。

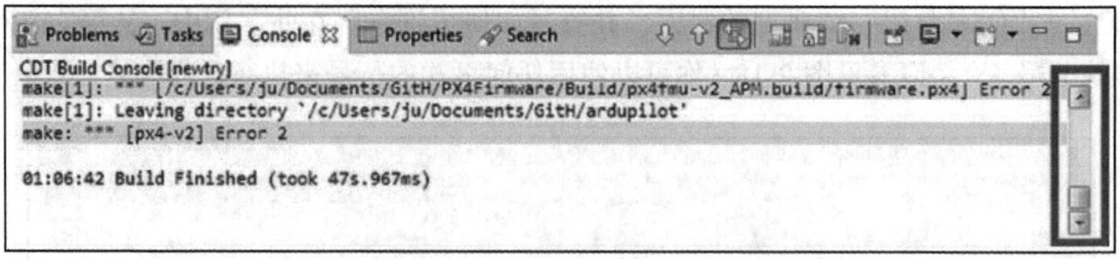

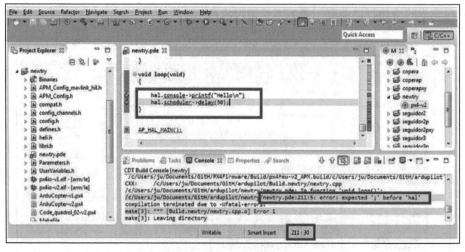

图 2-20   用于查找代码错误的滚动条

在本例中，请注意接口在代码的第 211 行中指出了一个错误。参见图 2-21。

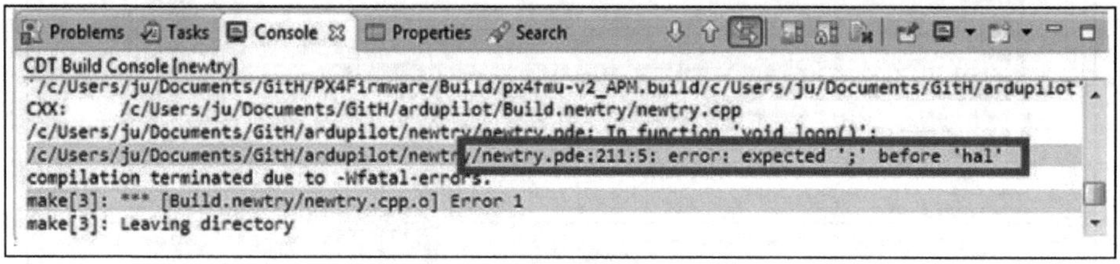

图 2-21   明确的错误信息

当你转到 211 行时，看看它前后两行（210 行和 212 行）。你将看到，错误由第 210 行中没有分号触发。参见图 2-22。更正错误并重新编译文件后，你将看到编译成功执行。你会注意到编译时间变长了，最后会在文件夹中创建一个 .px4 文件，并使用相同的时间戳。

图 2-22   定位错误的代码行

注意   如果主文件与辅助文件具有依赖关系（我们将在后面讨论），并且这些辅助文件中存在错误，则控制台还将显示文件名和该文件中发生错误的行。

我们来看另一个例子。在项目文件夹 comunica 中，有一个名为 comunica.pde 的主文件和一些辅助 .pde 文件。其中之一称为 Envio_datos.pde。请参阅图 2-23。

图 2-23　带有辅助文件的项目

保存并尝试编译该文件时，在 Envio_datos.pde 文件中，第 10 行引入"a variable not previously defined"错误。请参阅图 2-24。

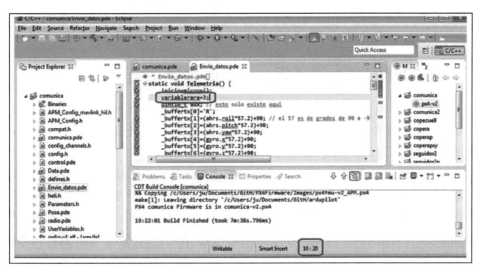

图 2-24　在辅助文件中引入错误

现在重复搜索过程。与预期的一样，Envio_datos.pde 文件的第 10 行报告了一个错误（请参见图 2-25）。在本例中，通过删除该行或定义变量来更正错误。再次使用 .px4 扩展名保存、重新编译并验证文件。

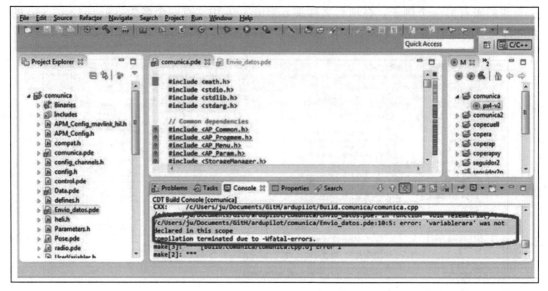

图 2-25 突出显示辅助文件的错误消息

警告 有一种特殊情况,正如你稍后将看到的那样,在编写 SD 内存时,尽管在语法上引入了错误,但它不会显示,并且整个代码都会正确编译。这是因为使用非 C++ 的辅助编译器来写入 SD 内存。在这种情况下,编写此类程序时必须特别小心。

2.7 ArduPilot 库中直接使用 Arduino 是否可行

这不好说。实际上,Pixhawk 自动驾驶仪的前身是所谓的 ArduPilot 自动驾驶仪(ArduPilot Mega),顾名思义,其基于 Arduino 开发板而来。实际上,这就是为什么 ArduPilot 库使用相同名称的原因。

ArduPilot 库的设计类似于 Arduino 命令的使用。但是,使用基于该开发板的自动驾驶仪会带来危险,在这种情况下,四引擎无人机是可以飞行的,但在数据传输或存储时,或控制高数学处理与信号过滤的交互作用时,系统就会崩溃。因此,硬件被迫发展,从而导致基于 ARM 处理器的 Pixhawk 出现时,库得以保留。在这种情况下,更新硬件比更新软件更好。

单独使用 Arduino 来操作多轴飞行器的主要问题之一是它无法同时生成多个 PWM 信号来操作多个无刷电机,且每个电机都以 490 Hz 的频率独立运行。

因此,建议使用 Arduino 或任何其他开发板或处理器作为助手或硬件转换器。一个例子是用于对物体进行某种视觉检测的辅助,或将 PWM RC 原生 Pixhawk 格式解释为与标准直流电机兼容的 PWM 型占空比格式。它也可以用作 Wi-Fi 阅读器，然后广播到 Pixhawk。

2.8　本章小结

在本章中，你学习了

❑ 关于与 ArduPilot 库相关的常见文件类型

❑ 选择特定数据类型的提示

❑ 我们建议的编程工作流程和所需软件的概述

❑ 如何在预加载 Eclipse IDE 中创建项目并识别错误，假如你想使用我们的库

❑ 如何与 Arduino 等开发板进行交互

在第 3 章中，你将为本书的其余部分奠定基础。这包括学习 ArduPilot 代码的主要部分，Pixhawk 自动驾驶仪使用的常见机器人组件的简要介绍以及有关运动的一些基本概念。

第 3 章
概念和定义

本章将刷新你对某些概念的认识，这些概念在本书的其余部分中将非常有用。首先，你将了解自动驾驶仪使用的常见机器人组件，例如空间位姿、getter 和 setter 概念、变量、函数、模块、对象、编码和安装差异以及计算效率。关于 ArduPilot 库，你将学习 ArduPilot 代码的常规部分和编程原型。

3.1 辅助组件

以下几节介绍了自动驾驶仪常用的辅助机器人组件。

3.1.1 无刷电机

如图 3-1 所示，无刷电机是使螺旋桨旋转的组件。对于 Pixhawk，通常使用无刷电机。由于大多数自动驾驶项目都使用标准直流电机（也称为有刷电机），因此有必要对其进行简要描述。尽管也可以在 Pixhawk 上使用有刷电机，但由于它们是间接使用的，因此需要进行一些调整（我们将在本书的后面对此进行详细介绍）。

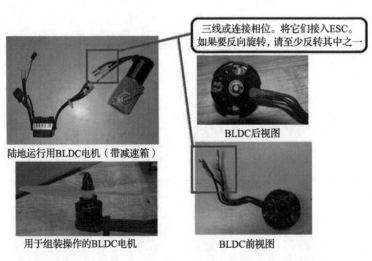

图 3-1　适用于空中 / 水上或陆地运行的无刷电机概述

回到本节的要点，Pixhawk 所使用的无刷电机由直流电供电，但需使用三相交流电运行。因此它们有三根电缆。它们必须由转换元件来操作这三个阶段，称为变速器或电子速度控制器（ESC）。

有趣的是，无刷电机可以直接在水下使用，所以只要仔细密封连接导线和其余组件（例如自动驾驶仪和 GPS），它们就非常适合水上应用。

需考虑的参数 kv、重量和尺寸、最大电流和电压、最大推力
组件的关键字 无刷直流电机、无刷电机无人机、无刷直流 kv、推力电机

3.1.2 ESC

给无刷电机供电的电池是单相直流电。但是，必须将其转换为三相，并且需要一种数字交流电才能运行无刷电机。这就是电子速度控制器出现的地方。它们内部拥有所有必要的预编程算法来执行软件和电子级别的转换。它由三部分电缆组成：第一部分是使用两根电缆（正极和接地）将所需的电力输送到电池。第二部分由三根输出电缆组成，为无刷电机供电。最后一部分是通过 PWM 改变电机速度的控制信号（记住这是专门用于伺服器的 PWM 信号）。该 PWM 信号在 ESC 主体中转换为三相模式（见图 3-2）。最后，控制线部分通常包括来自称为 BEC（电池消除器电路）或简称为"消除器"的子电路的辅助电源电缆。这样，可以在不使用额外电池的情况下提供一些 PWM 输入模块作为无线电接收器。

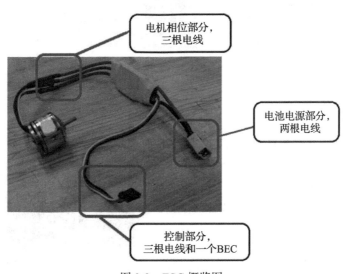

电机相位部分，
三根电线

电池电源部分，
两根电线

控制部分，
三根电线和一个BEC

图 3-2 ESC 概览图

除上述内容外，ESC 根据其连接方式确定每个电机的旋转方向，一旦连接，它们将保持不变。必须注意的是，为了自动改变无刷电机的旋转方向（如机器人的轮子所要求的那样），仅仅电交换电缆是不够的。因此，如果你希望电机能够改变其旋转方向，则必须购买允许其

运行的专用 ESC，也称为可逆转 ESC。请记住，ESC 也被称为变速器或简单的电机驱动器。

考虑的参数	最大尺寸、重量、电流和电压、可逆性、BEC 或光耦合
组件关键字	ESC、BEC、可逆 ESC、光电 ESC

3.1.3 螺旋桨

确定无人机性能（陆地、空中或水上）的三部曲由电机、螺旋桨（或车轮）和电池组成。这样，螺旋桨（或“支柱”）显然对航空器或水上运载器的运行至关重要。它们由至少两个叶片组成，其最重要的参数是半径和距离（step）。通常使用一半螺旋桨沿一个方向转动，而另一半螺旋桨沿相反方向转动。只需将 ESC 与电机的连接互换即可实现。请参见图 3-3。

考虑的参数	螺距、直径、边缘、叶片数量、柔韧性、硬度、方向
组件关键字	螺旋桨、螺旋桨叶片、柔性螺旋桨、支柱

图 3-3 螺旋桨

3.1.4 框架

在这种情况下，无人机的机身与许多其他组件不同，用户可以自由购买或制造框架（见图 3-4）。设计的标准集中在材料上，特别是在硬度、尺寸和亮度方面。同样，在一定的距离内必须遵守一些空气动力学标准，以避免螺旋桨、地板或其他物体之间的干扰。

考虑的参数	材质、硬度、重量、孔、高度、附件、尺寸和重量、起落架、防震系统、折叠、电磁屏蔽
组件关键字	框架、起落架、防水性

图 3-4 四轴飞行器框架

3.1.5 特殊连接器

为避免产生不良的焊接效果（如电气不平衡），使得易于更换以及避免通过简单的移动意外断开电缆，自动驾驶仪通过特殊的连接器连接到 ESC、电池和传感器，以及连接到 ESC 的电机。尽管有很多版本，但以下是最常见的：

□ **使用弹头连接器将电机连接到 ESC**：此处考虑的是直径。它们有不同的尺寸，选择取决于电缆的厚度和支持的最大电流。请参阅图 3-5。

□ **通过三个输出连接器将自动驾驶仪连接至 ESC（一个 PWM、一个接地和一个用于 BEC 的电源）**：尽管类型很多，但最常见的是 JR。请参见图 3-6。

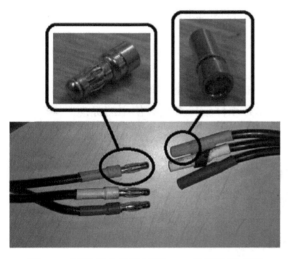

图 3-5　用于将电机连接到 ESC 的特殊连接器　　图 3-6　用于将自动驾驶仪连接至 ESC 的特殊连接器

□ **电池分配器或 ESC 分配器**：在这种情况下，有很多类型，但最常用的一种是 XT（XT60、XT90 等），它还具有不可逆性，这意味着它是专门为了避免以相反的方向连接，以及避免产生短路或其他电气问题而设计的。请参阅图 3-7。

□ **自动驾驶传感器**：它也有很多版本，特别是中国的克隆版 Pixhawk2.4.8，它使用所谓的 picoblade molex 1.25，而原始版本使用 df13。值得一提的是，有几种引脚和尺寸，因此建议你去论坛咨询有关它在特定自动驾驶仪模型中的使用。请参阅图 3-8。另见 www.lambdrive.com/depot/Robotics/Controller/PixhawkFamily/Connector/。

考虑的参数　*尺寸、电流和工作电压、使用所需的附件、引脚数量、兼容性、特殊或常规版本、是否密封、特殊工作条件（例如爆炸性环境、低温或高温、电磁屏蔽）*

组件关键字　*无人机连接器、子弹头连接器、屏蔽连接器、扭曲的无人机连接器、EMI 噪声*

图 3-7　用于将电池连接至 ESC 或分配器的　　图 3-8　用于将不同设备连接到 Pixhawk 自动驾驶仪
　　　　特殊连接器　　　　　　　　　　　　　　　　的特殊连接器

3.1.6　遥测模块（无线串行通信）

如果要发送或接收除遥控信号以外的无线数据，则需要遥测模块（见图 3-9）。它们是无线串行通信器。最常见的是 915MHz，但是你必须仔细检查允许使用的标准。同时也有 433MHz 模块。

天线

接收器/发射器

图 3-9　遥测模块概览图

考虑的参数　尺寸、电流和工作电压、使用所需的附件、与连接器的兼容性、所达到的最大距离、工作频率的合法性

组件关键字　遥测模块、无线串行传输、测距、连通性

3.1.7 锂电池

电池决定飞行时间。通常，锂电池用于无线飞行，但存在耐久性问题（在大多数飞行器中为 15 至 30 分钟），因此，如果需要较长的操作时间，则选择更耐用的有线连接（例如，一种专用的电力延伸或系留无人机，或者是一种非专用但性能有限的供电选择，例如车载电池或计算机电源）。

如果所需应用选用锂电池（见图 3-10），因为它们易燃易爆，所以应具有专用的充电器和用于存储和运输的保护罩。它们通常有两组电缆：一组用于充电器和监测器，另一组用于供电。

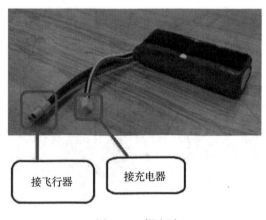

接飞行器   接充电器

图 3-10 锂电池

考虑的参数 尺寸、重量、安培小时数、工作电压、电池数量、C 或放电率、连接器、使用时所需的附件

组件关键字 锂电池、放电率、锂电池单元、锂电池连接器、锂电池充电器、锂电池处理

3.1.8 电池测试仪或电池监测器

如果测试是通过无线方式进行的（无须线缆），则建议经常了解锂电池的状态。在这些情况下，购买图 3-11 中所示的模块很方便，它只不过是一种减小了体积和重量的专用电压表。此模块通常包含视觉和声音警报来提示电池的完整性或电量不足。

图 3-11 电池测试仪或监测器

考虑的参数	便携式或外部（车载或非车载）、最大电池数、光和/或声音指示器
组件关键字	锂电池测试仪、锂电池监测器

3.1.9　GPS 模块

GPS（全球定位系统）模块（见图 3-12）是飞行器了解其相对于行星的平面位置和高度的方式。它的缺点是，只有在没有来自建筑物或林区的卫星信号干扰的情况下，它才能在室外正常工作。

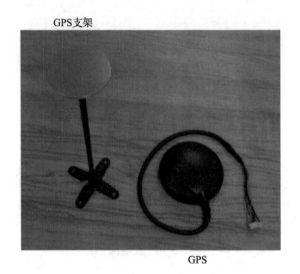

图 3-12　GPS 模块

考虑的参数	单个或多个模块、连接器类型、基座、信号放大器、分辨率和精度、电磁噪声保护
组件关键字	EMI 噪声、冗余 GPS、GPS 精度、无人机 GPS 安装

3.1.10　分配器

分配器可以让多个 ESC 同时连接到主电池。分配器可以是集成电路类型，也可以是简单的分流器（如章鱼连接器的线束）。请参阅图 3-13。

考虑的参数	支持最大电流、支持最大电压、供电的电机数量、BEC、尺寸、重量、类型、电磁保护
组件关键字	无人机配电板、无人机线束

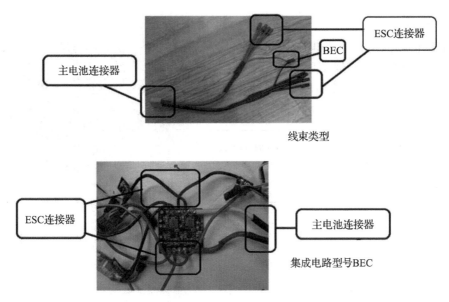

线束类型

ESC连接器

BEC

主电池连接器

ESC连接器

主电池连接器

集成电路型号BEC

图 3-13　两种配电器

3.1.11　电源模块

电源模块是自动驾驶仪与主电池连接的方式，参见图 3-14。它有两个输出：一个用于分配器，一个用于自动驾驶仪。始终记得验证自己的电池输入和分配器输出。

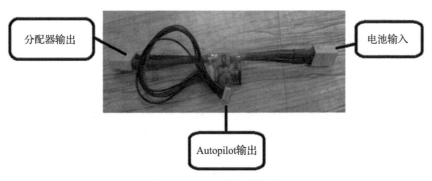

分配器输出

电池输入

Autopilot输出

图 3-14　电源模块概览图

考虑的参数　支持最大电流、支持最大电压、电磁保护、支持最大的电流测量、连接器类型

组件关键字　无人机电源模块

3.1.12　硅线

由于高电流循环，用于为电子电气设备（例如无刷电机）供电的电缆通常具有特殊的特性。因此，它还必须耐高温，当然也要耐剧烈运动。因此，首选 AWG 硅。请参阅图 3-15。

考虑的参数　耗散电流和电压、工作温度、电缆尺寸、色标、刚度或迁移率

组件关键字　硅胶线

图 3-15　硅线

3.1.13　热电偶

用热电偶（见图 3-16）覆盖裸露的接头以避免它们之间的短路是非常有用的。

考虑的参数　耗散电流和电压、工作温度、电缆尺寸

组件关键字　热电偶

图 3-16　热电偶

3.1.14　紧扣件

紧扣件可以是胶带、皮带、胶水、法兰、夹子或其他任何轻质材料，其功能是以可逆或永久的方式链接不同的设备，例如传感器和无人机电池。建议经常更换的部件（如电池）使用可重用的紧扣件。

考虑的参数　更换频率、契合程度

组件关键字　拉链、可拆卸拉链、橡皮筋、软管夹、管夹、钩环扣

3.1.15　被动防振模块

所有运动传感器都受到车辆自身振动的影响，因此在传感器、自动驾驶仪和车辆车架之间使用被动阻尼模块非常方便。请参阅图 3-17。这些模块称为被动模块，因为它们不是机动的。它们只是吸收性橡胶。它们适用于特定的组件，例如电机、照相机、GPS 和其他传感器，或专用于自动驾驶仪。

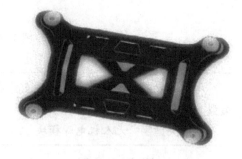

图 3-17　防震架

考虑的参数	尺寸、兼容性、移动性
组件关键字	减振无人机、防震架无人机、隔振无人机

3.1.16　遥控器

遥控器（见图 3-18）是手动控制装置，请勿与操作四轴飞行器的遥测模块相混淆。它们必须至少具有四个通道，而陆地无人机只需要至少两个通道。但是，始终建议至少有另外两个辅助通道，同时在操作区域内遥控器的操作频率是否合法也值得考虑。

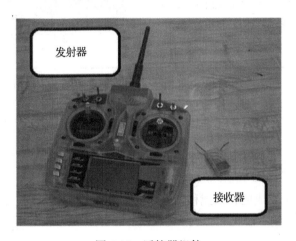

图 3-18　遥控器组件

考虑的参数　最大距离、对锂电池的支持、操作频率合法性、通道数、绑定模式、辅助通道的类型（旋钮、两个或多个位置、操纵杆、按钮等）、灵敏度、传输模式、是否有显示屏幕、接收器中是否存在 PPM 通道

组件关键字　遥控发射器、遥控接收器、绑定、PPM、PPM 编码器、六通道发射器和接收器

3.1.17　嵌入式车载电脑

一项任务通常完全可以由自动驾驶仪完成，但有些任务则需要更苛刻的流程，例如使用视觉或人工智能，或者多车辆的协作。因此，让中央单元执行这些活动并将处理过的数据反馈发送到自动驾驶仪是很方便的，例如树莓派。还应该提到的是，某些设备已经包含了多合一卡，包括命令计算机和自动驾驶仪，例如 navIO 或 Erle Brain。此外，物联网（IoT）的某些最新模块可以自己完成所有活动（例如索尼 Spresense）。

3.1.18　特殊 Pixhawk 组件

有 3 个特殊的 Pixhawk 组件，如图 3-19 所示。它们通常包含在自动驾驶仪中。这些组件包括电机开 / 关按钮、警报器和 microSD 卡。电机开 / 关按钮的重要性在于，如果不按此按钮，所有与电机有关的操作都不会执行。在某种程度上，它是一种安全按钮。警报器是机载 LED 的声音指示器的补充，最后，除了存储飞行数据外，SD 卡也很重要，因为没有它，整个设备将无法工作。

图 3-19　特殊的 Pixhawk 组件

考虑的参数　电缆电阻、双绞线、柔韧性、使用适配器将 microSD 卡连接到计算机
组件关键字　Pixhawk 保险开关、Pixhawk 蜂鸣器、microSD

3.2　计算效率与数学等式

由于计算是在车上完成的，因此移动处理设备（如自动驾驶仪和开发卡）必须具有高效的处理能力。同样，在编写代码时，必须注意以下语句："数学相等不是计算相等。"

例如，对于数学来说，以下是正确的

$$e^{i\pi} + 1 = 0$$

注意，等式中最简单的边是右边，因为每个人都知道数字 0。

但同时，

$$\frac{1}{2}(6) = 0.5 * 6 = 3$$

这样，你必须谨慎选择喜欢的表示形式。在第二个示例中，第一个表达式具有两个数学运算，第二个表达式仅具有一个，最后一个表达式具有一个运算。但是，这会导致截断错误，例如

$$\frac{1}{3} \approx 0.33 \approx 0.333\,33$$

因此，在程序设计过程中以及编码之前，你必须了解要使用的精度或错误程度。还请记住，所需的精度越高，处理小数位数所需的资源就越多。

特别是，在编写代码时，你应该选择简化表达式，因为它们表示的操作更少，尽管它们在数学上等于更复杂的项。但是，你应该考虑到一定程度上不合理操作的精度（1/3、Pi 等）。因此，你有责任在编程时对等式进行简化。

3.3 使用变量、函数、模块和对象

尽管实体比这里提到的要多，但鉴于它们是使用 ArduPilot 库的最常用概念，因此以下各节将介绍以下内容。

3.3.1 变量

变量是能够接收单个值的计算对象。它包含两个参数：值和变量的类型。参见清单 3-1。

清单 3-1 变量示例

```
float a=5.5
int i=3
char c='X'
bool logic=True
```

在清单 3-1 中，显示了四个变量：一个是浮点类型（与小数相关联），一个是整数的 int 类型，一个用于字符，一个是用于处理逻辑状态的布尔类型（开 / 关）。

稍后你将注意到，有必要使用子类型。例如，ArduPilot 库可以使用清单 3-2 中所示的子类型。

清单 3-2 ArduPilot 库的示例子类型

```
uint16_t motor
uint8_t serial
```

子类型的使用对于节省资源很有用。在这种情况下，由于示例变量（motor 和 serial）只能接收正值和数字零，因此使用无符号（unsigned）前缀。也使用后缀（16_t 和 8_t），因为它们表示变量可以读取的最大扩展位。例如，无线电的值通常在 0 到 2000 之间。当你指定 16_t 时，表示变量不能超过范围 [0, 65535]。这意味着前一个后缀具有足够的空间来存储值 2000。另一方面，在使用串行端口时，仅允许使用 [0 255] 的值。因此 8_t 的 8 位对于这个任务来说已经足够了。

3.3.2 结构体

结构体是不同类型变量的集合。换句话说，它是变量的变量。参见清单 3-3。

清单 3-3 结构体示例

```
struct product {
  int soldunits;
  double price;
  char mallsection:
};
```

如本例所示，在这种情况下，名为 product 的变量是不同变量的集合，其中包含价格、大厅和一些已售出的单元。

3.3.3 函数

函数是从程序的不同部分访问的一段代码。它用于避免过度重复并保持可读的格式。例如，清单 3-4 显示了 Arduino map 函数。首先，注意有一些代码使用或调用了函数（在本例中为主代码）。

清单 3-4　函数示例

```
void loop()
{
  int val = analogRead(0);
  val = map(val, 0, 1023, 0, 255);
  analogWrite(9, val);
}
```

在清单 3-5 中，有一段代码定义了函数。

清单 3-5　Map 函数

```
long map(long x, long in_min, long in_max, long out_min,
long out_max)
{
  return (x - in_min) * (out_max - out_min) / (in_max - in_min)
  + out_min;
}
```

3.3.4 模块

模块是包含一个或多个函数的内部代码（写在主程序中）或外部代码（写在辅助文件中）的一部分。请参阅图 3-20。

❑ 类：类是一个简单的结构，除了变量外还包含方法或函数（它有比这多得多的特征，但是这里是以一种简化的方式使用它，这就是类的概念）。

❑ 对象：对象是类的调用（编程技术上的调用也称为"实例"）。

清单 3-6 中的示例显示了优化和标准化错误，但以一种简化的方式举例说明这个概念。清单 3-6 显示了定义类的代码部分。

清单 3-6　类定义示例

```
class Circle
{
    public:
    float radius;

    double Area()
    {
     return 3.14 * radius * radius;
    }
};
```

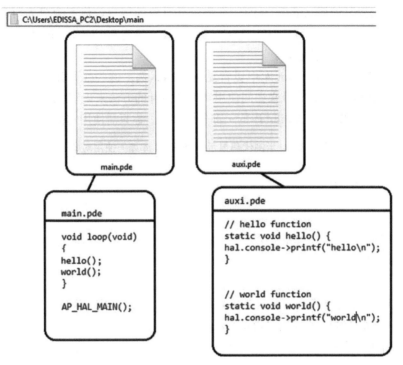

图 3-20　主代码与外部模块

清单 3-7 显示了使用或调用该类的代码部分。

清单 3-7　类调用示例

```
int main() {

    Circle circle1;
    circle1.radius = 5;
    float area1=circle1.Area();
    return 0;
}
```

有两种不同的方法可以访问类的方法和属性。这取决于它是从实例访问还是从指针访问问。如果来自实例运算符，则使用 . ；如果来自指针运算符，则使用 ->。为了声明组件，使用了 :: 运算符，这意味着在看到它们时，你正在使用的是与预定义类对应的对象。

清单 3-7 在以下几行中使用了操作符 . ：

```
circle1.radius = 5;
float area1=circle1.Area();
```

这意味着你将调用名为 radius 的变量和名为 area 的函数，该函数用于与类 Circle 关联的名为 circle1 的实例。

自此以后，为了使用 ArduPilot 库，你将只是对象的用户。你不会成为对象的设计者。这意味着你将不定义类，因为它们已经是库的一部分，只能调用它们。因此，只要知道所指示的符号代表的调用类型就足够了。

清单 3-8 提供了在 ArduPilot 库中更常见的代码示例，这些代码显示正在使用的对象。这可以通过使用前面描述的符号来访问使用实例和指针的方法来识别。请注意，你没有创建它们，因为它们已经作为 ArduPilot 库的一部分提供了。你只需使用它们。

清单 3-8   示例代码显示 ArduPilot 库如何使用对象

```
//   instance or invocation
static AP_Baro barometer;
AP_HAL::AnalogSource* ch;

//   use
barometer.init();
barometer.calibrate();
ch->set_pin(15);
```

应用提示   如果你有多余的时间或感兴趣，除了学习面向对象的编程课程（如本书所述，只需要识别和调用它们），你可以阅读以下运算符：

::   范围解析运算符

.   通过引用选择元素

–> 通过指针选择元素

3.4   getter 和 setter 的概念

如果理解了 getter 和 setter 的概念，则可以更轻松地进行设备编程。第一个用于获取或读取值（例如，从传感器读取），第二个用于建立或写入值（例如，向电机写入）。

这样，你会注意到 ArduPilot SDK 中存在的函数集由 RC 信号、串行端口 UART、终端、GPIO 端口、SD 卡等的读取和写入方法组成。基本上，这些指令包括使用读（getter 或 read 模式）和写（setter 或 write 模式）合适的扩展对所需设备进行编程的方法。

一旦吸收了这个概念，要理解其他任何库（无论多么复杂）都要找到其 getter 和 setter 模式。每个库之间的差异在于设备初始化模式，而其他 SDK（例如 PX4 库）也应包含订阅功能。但是，所有方法都有相应的写入和读取到设备的方法。

3.5   方向和位置的概念

位置是物体所占据的空间位置。方向是物体在某一位置（从北方、南方、前面、后面等）的空间排列。请参阅图 3-21。

两者都集成了一个称为位姿的实体。在平面或二维空间中，物体的位姿可以具有位置的两个分量和方向的一个分量（这是轮式机器人的工作位置）。这些分量通常称为坐标 X、Y 和体角。

另一方面，在三维空间中，存在三个位置分量和三个方向分量（这是多轴飞行器工作的地方）。通常将它们称为 XYZ 坐标以及横滚角、俯仰角和偏航角。请注意，在图 3-22 中，笑脸如何朝空间的三个位置中的任何一个移动，并同时以任何特定的方向来看。

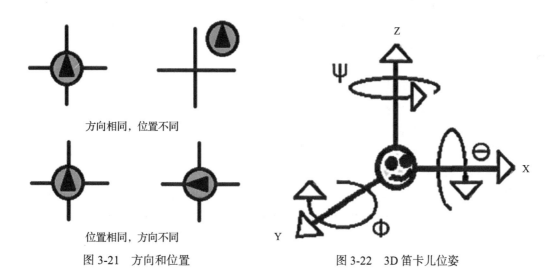

图 3-21　方向和位置　　　　　　　　　　图 3-22　3D 笛卡儿位姿

注意，位置和方向分量都可以具有多个基。例如，对于位置有笛卡儿、极坐标、椭圆、三角形、球形、圆柱、环形等。对于方向有欧拉角，还有四元数、旋转矩阵、指数表示、复数表示等。

注意　在本书中，我们将使用称为 XYZ 的笛卡儿基和类型为横滚、俯仰和偏航类型的欧拉角。

位置和方向都可以用相对或绝对框架进行测量。如果某事物具有共同的参考点，则称其为绝对测量。如果某事物在特定的兴趣点具有参考作用（用于方便计算或具有指南，例如物体的重心），则认为是相对的。当我们使用螺丝刀时，它的一个用法就是这样。我们无意识地倾向于相对于地球表面的绝对框架来参考我们的身体，但是当使用螺丝刀时，我们是在用手的相对框架来进行参考。请参阅图 3-23。

图 3-23　绝对和相对框架

3.6　安装和编码之间的区别

使用程序库有两个独立的过程：安装和编码。

这本书涉及的编码是相对均匀的，在安装期间除了在不同设备之间有变化之外，还受兼容性的影响，并且具有许多变体（Linux、QT、Eclipse、Arduino IDE、Mac 或 Windows（32 位或 64 位）、树莓派、Erlebrain、Pixhawk、ArduPilot 等）。

本书的安装仅以以下方式提供，所有方式均由作者在不同计算机上进行了测试：

❑ 操作系统：Windows 32 位或 64 位

❑ 版本：7 到 10

❑ 编辑器：内置于安装程序中的 Eclipse 版本

❑ 编译器：Make，内置于安装程序中

任何其他模式均由你自己负责。

在编码方面，除非开发人员进行了大幅度的修改，否则此处显示的命令对于任何平台都是相同的。要验证语法是否仍然有效，请直接在 ArduPilot 库的网页上查看相应的命令。例如，要验证命令 `hal.rcout-> write()` 的有效性，你应该在官方更新的网页中查找相关的库（2019 年 1 月为 https://github.com/ArduPilot/ardupilot/blob/master/ libraries/AP_HAL/RCOutput.h.）

这样，你将找到相应命令的定义（及其存在的重载函数）。在这种情况下，它是 `write (uint8_t chan,uint16_t period_us)`。

这是第二个示例：

```
hal.rcin-> read ()
```

在官方网页（https://github.com/ArduPilot/ardupilot/blob/master/libraries/AP_HAL/RCInput.h）上，你可以找到 read RC 命令的定义（及其存在的函数重载）。这种情况是 `uint16_t read(uint8_t ch)`。

3.7　ArduPilot 代码的常用部分

ArduPilot 基本代码的主要部分如图 3-24 和表 3-1 所示。

表 3-1　ArduPilot 代码各部分的说明

名称	内容	允许的操作
头文件	库和定义	仅限于 ArduPilot 库使用； 使用和创建变量或类（对象）的定义
设置	初始化端口或函数，仅执行一次	仅用于初始化函数
循环或主循环	主要用户代码	使用 ArduPilot 库中定义的类、创建自定义算法并使用辅助函数

（续）

名称	内容	允许的操作
辅助函数	内部和外部都包含广泛的代码段，或者将在循环的多个段中使用的代码段	为以后在主循环中使用而创建（也可以是设置）
AP_HAL_MAIN ()	允许调用 ArduPilot 库中的所有可用类和命令	使用它们

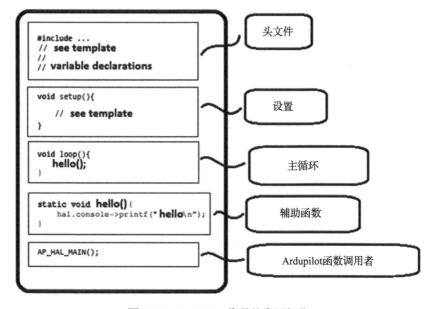

图 3-24　ArduPilot 代码的常用部分

　　稍后，通过使用实时，你将看到可以创建新的循环或主循环，它们以不同的频率执行。但是，这是 ArduPilot 代码的基本模板。

3.8　ArduPilot 代码编程的常用模型

　　此处列出的，如图 3-25 所示，是用于编程 ArduPilot 代码的常用模型：

❑ **串行或顺序**：它是主要的模型，代码以连续的顺序逐行执行。

❑ **模块化**：它是对先前模型的改进，包含内部函数或模块（具有一个或多个函数的外部代码），从而简化了代码读取、使用，并允许你重用重复或扩展的代码序列。

❑ **面向对象**：尽管用户可以自由使用或不使用自己的对象，但是 ArduPilot 库，特别是其命令是通过实例调用对象的（你看到的 OOP 类型的所有代码行都是可以通过使用运算符 . 、: 和 -> 来识别，这些运算符是点、冒号和箭头）。

❑ **并行**：在这种模式下，这是一种非常有效的伪并行化，自动驾驶仪可以同时执行"多行代码"，这比顺序模式更具有性能优势。在这些情况下，它会实时使用其调度程序。

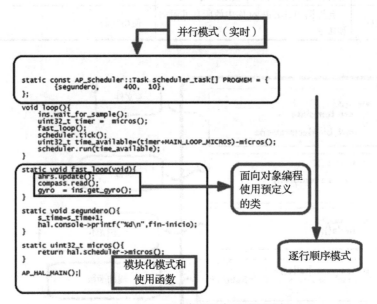

图 3-25 ArduPilot 代码的常规编程范例

3.9 本章小结

恭喜，你已经学完了本书的引言部分。接下来，你将开始以顺序的方式编码，这意味着一次编写一行代码。在本章中，你学习了以下内容：

❑ 自动驾驶仪常用的辅助机器人组件的描述
❑ 拥有高效而不仅是数学的思维
❑ 使用变量、函数、模块和对象
❑ 几乎所有编程语言中都存在的 getter 和 setter 概念
❑ 我们的主要目的不是要教你安装 ArduPilot 库，而是要对其进行编程
❑ ArduPilot 代码的常规部分
❑ ArduPilot 代码的常规编程模型
❑ 方向、位置和位姿的运动概念

在第 4 章中，你将从基本的输入和输出操作开始。

参考资料和建议网站

网页详细说明了基于 Pixhawk apm 和兼容的不同自动驾驶仪和 SDK 编程库：

www.lambdrive.com/depot/Robotics/Controller/PixhawkFamily/
www.lambdrive.com/depot/Robotics/Controller/index.html

对于 ArduPilot 库的使用和深化，包括它在各种平台上的安装和硬件提示：

http://ardupilot.org/dev/docs/apmcopter-programming-libraries.html

对于 Pixhawk 自动驾驶仪的使用和深化：

https://pixhawk.org/

由其创建者讲述 Pixhawk 的历史以及无人机世界中的其他常见标准：

https://auterion.com/the-history-of-pixhawk/

3DR Pixhawk 的商业广告：

https://diydrones.com/profiles/blogs/introducing-the-px4-autopilot-system

开放编程库的替代项目 PX4：

https://dev.px4.io/en/
https://github.com/PX4/Firmware/tree/master/src/examples
https://dev.px4.io/en/middleware/modules_communication.html

这篇有趣的文章详细介绍了 Pixhawk 的设计（如果你想设计自己的自动驾驶仪，则很有用）：

Lorenz Meier, Petri Tanskanen, Lionel Heng, Gim Hee Lee, Friedrich Fraundorfer, Marc Pollefeys. "Pixhawk: A micro aerial vehicle design for autonomous flight using onboard computer vision," *Autonomous Robots* 33 (2012), no. 1-2, 21-39.

对于那些喜欢自己做自动驾驶仪的人来说，这篇有趣的文章是对前一篇的补充：

J. Rogelio Guadarrama-Olvera, Jose J. Corona-Sanchez, Hugo Rodriguez-Cortes. "Hard realtime implementation of a nonlinear controller for the quadrotor helicopter," *Journal of Intelligent & Robotic Systems* 73 (2014), no. 1-4, 81-97.

第二部分

顺序操作模式

ADVANCED ROBOTIC VEHICLES
PROGRAMMING

如果你看到这里，则意味着你知道所有介绍性信息，且想开始编码。如果你不熟悉某些概念，请阅读前面的章节。它们可能包含有用的提示或关键字，或者可能会帮助你更新你的技术水平。

　　本书的这一部分由以顺序或串行方式编写的代码组成，其中每行在上一行执行之后立即执行，也就是说，每一行代码都遵守队列中的顺序，无法并行执行任务。尽管这在执行方面不如使用任务并行化的代码高效，但是它可以更好地向你展示一种说教式的编程方法。最大的缺点是，在整个流程执行周期重复之前，系统不会执行重要的任务，如写入引擎。没有一个过程比其他过程更重要或更不重要。它们只是按照出现的顺序执行。

第 4 章
基本输入和输出操作

在本章中，你将学习使用 ArduPilot 库进行编码。本章重点介绍我们认为最重要的基本输入和输出操作：终端写入和读取、无线电控制读取、如何使用模拟和数字端口、如何读取电池、如何使用车载主 LED 以及最重要的如何读取和过滤位置和方向信号，这对于命令车辆至关重要。

在顺序编程模式下，通常每个命令都有四段代码：

❑ **声明**：在这部分中声明将使用的变量。

❑ **初始化**：在这部分中，只执行一次与物理端口和组件的配置和初始化有关的代码，以便以后在主代码中使用这些组件。通常在"SETUP"的名称下找到它。在 C++ 代码中这不是标准的，但是在使用像 Arduino 这样的硬件时，通常会找到一个初始化部分。

❑ **执行**：在这里可以找到主代码，即在系统有电池或电源的情况下无限期运行的代码。通常在名称"MAIN LOOP"下找到它，在其中调用每个任务的关联函数。

❑ **定义**：定义将在执行块中使用的每个任务，或更具体地说，定义函数。

让我们来看一个在本书中用于映射值的函数示例（清单 4-1）。如果需要输出中的兼容范围（例如从 0 到 360 度的测角器），但输入的是任意尺寸（如显示 -pi 和 pi 弧度之间值的编码器），则此函数非常有用。此函数基于线性插值。稍后你将使用它。

清单 4-1　值映射函数

```
/////////////  DECLARATION  /////////////
float yaw, yawdeg;

/////////////  USE  /////////////

void loop(void)
{
    yaw    = ahrs.yaw;
    yawdeg=maps(-3.14,3.14,0,360,yaw);
    hal.console->printf("%f\t\n",yawdeg);
}
```

```
//////////// DEFINITION ///////////
static float maps(float minent,float maxent,float minsal,float
maxsal,float entrada)
{
  return ((maxsal-minsal)/(maxent-minent))*(entrada-minent)
  +minsal;
}
```

现在，让我们回顾一下贯穿本文的用于饱和值的函数示例（清单 4-2）。如果你想要确定电机运行或读取传感器的安全极限，这个函数是有用的。它基于饱和的数学函数，稍后会用到。

清单 4-2　饱和值函数

```
//////////// DECLARATION ////////////
float roll, pitch;
float yawdeg, pitdeg, rolldeg, pits, rolls;

//////////// USE ////////////
void loop(void)
{
    roll  = ahrs.roll;
    pitch = ahrs.pitch;
    pitdeg=maps(-1.57,1.57,-90,90,pitch);
    rolldeg=maps(-3.14,3.14,-180,180,roll);

    pits=sat(pitdeg,45,-45);
    rolls=sat(rolldeg,45,-45);

    hal.console->printf("%f\t %f\t\n",rolls,pits);
}
//////////// DEFINITION ///////////
static float sat (float a, float b, float c)
{
    if(a>=b) a=b;
      if(a<=c) a=c;

    return a;
}
```

4.1　头文件

在讨论基于 `ArduPilot.pde` 源代码的命令之前，我们首先来看一看头文件。如果愿意，可以将其保存为 `.txt` 文件，然后将其复制到主程序中。要使用本章中的代码，必须使用相应附录中包含的头文件，它直接取自 `ArduPilot.pde` 代码。这段代码也作为重要模块分解的基础，将在以后的章节中介绍。

从广义上讲，此处列出的库更常用。这里仅讲述最重要的部分。但是，由于存在相互依存关系，建议保持 .h 文件不变，或者只添加必要的文件。此外，你应该查看在线库，以了解它们的设计方式、正确的语法、它们的重载或本书中解释的命令变体。具体如下：

- ❏ AP_Common：包含常用函数，例如用于串行通信的高低部件转换器，角度测量系统之间的转换（弧度到角度）等。

- ❏ AP_Param：它包含用于在不同类型的变量之间进行转换和交互的函数。尽管最终用户直接使用此库并不常见，但是其余代码需要它正常运行，因此必不可少。

- ❏ AC_AttitudeControl：此库包含监测和控制姿态（方向）和位置所必需的命令。

- ❏ AP_Hal：它可能是最重要的库，因为它包含读取无线电、写入电机、处理数字和模拟端口、串行通信、实时操作调度程序、将数据包写入 SD 存储器等所有命令。该库还具有其他类型的硬件平台的变体，例如 AVR 基础、Linux 基础等。

- ❏ AP_Math：它包含用于矩阵和矢量运算、归一化、单位类型转换等专门的数学函数。

- ❏ AP_SerialManager：它包含用于串行通信命令的函数。

- ❏ AP_GPS：它包含链接和使用 GPS 的必要函数。

- ❏ DataFlash：它包含用于写入 SD 卡的必要命令。

- ❏ AP_Baro：包含链接和使用气压计的函数。

- ❏ AP_Compass：它包含使用和链接磁力计的函数。

- ❏ AP_InertialSensor：包含用于使用和链接加速度计和陀螺仪或惯性测量单元（IMU）的函数。

- ❏ AP_AHRS：它包含确定方向和角速度的函数，作为指南针、陀螺仪和加速度计之间的数据融合。

- ❏ AP_NavEKF：它包含使用卡尔曼滤波器的命令，对于过滤传感器中的噪声数据是必需的。

- ❏ RC_Channel：包含用于读取无线电控制和写入电机的最基本函数。

- ❏ AP_Scheduler：它包含实时操作和任务管理器必需的函数。

- ❏ AP_BoardConfig：它包含设置自动驾驶仪或其变体的必要函数。

头文件还包含 ArduPilot 库最常用的变量的内部定义。它们主要被称为 defines.h 和 config.h。头文件放置在程序中，如清单 4-3 所示。

清单 4-3 头文件代码

```
// place here the header code //
// See appendix

// insert your program here //
// Here will be placed the code of each example along with
// its respective defined functions, the setup cycle,
// the loops and fast loop etc
```

注意 也许高级读者可能会想要创建一个辅助 .h 库。如果是这种情况，请参阅相关附录中的操作方法。

4.2 设置

与 Arduino 的使用类似，使用 ArduPilot 库的程序的代码需要一个名为设置（setup）的初始化部分，其中声明特定硬件函数的指令仅执行一次，例如设置电机的启动引导程序和通道配置、设置模拟端口的启动信号、设置某些串行端口的传输速度和要使用的串行通道等。此外，如相应的附录所示，基本设置说明是与自动驾驶卡本身的注册有关的说明，与传感器的声明以及 SD 存储器和串行终端接口的记录相关的说明以可视化数据并通过计算机与 Pixhawk 进行交互。

4.2.1 写入终端

- **组件**：USB 线和串行终端
- **说明**：这是最有用的命令之一，因为它使你可以在测试模式下可视化是否正确执行了所需的数据和操作。它基本上包括发送或接收信息到串行终端（串行端口监测器），它允许在计算机屏幕上显示输入和输出数据。

换句话说，它的用途在于校准无线电、传感器以及数字和模拟序列的代码例程的测试。

一些开发卡已经具有集成的串行监测器版本（例如 Arduino）。但对于 Pixhawk 自动驾驶仪而言，这是不可用的，因此你必须使用以下段落中描述的软件组件之一。

- **连接**：如前所述，它具有两个组件：直接连接到 Pixhawk 并与计算机通信的 USB，以及称为 terminal 终端的软件，对此你也有几个其他选项（如 TERATERM、PUTTY、TERMINAL 等）。

尽管在本书中一般使用 TERMINAL，但是这些程序的重要部分如下：

1）**端口选择**：为此，你必须知道自动驾驶仪连接到计算机的哪个端口（Windows 设备管理器）。

2）**选择通信速度**：以 bps 为单位。在可能的情况下，选择速度高的比较合适。但是，有两个因素影响此选择。第一个是使用的设备，例如遥测无线电，只能以 57 600 bps 的速度运行。第二个是自动驾驶仪的容量及其执行的任务。在这种情况下，非常高的速度将要求自动驾驶仪更快速地处理，这对于保持无人机的飞行可能是必要的。相反，如果自动驾驶仪执行更快速的任务，则极低的处理速度将迫使系统崩溃。考虑到以上几点，传输速度的选择取决于你的标准，因此请根据你的任务尝试合适的值。但是，建议在开始时，只要性能允许，就以 57 600 bps 的速度运行。

3）**串行数据存储**：在这种情况下，如果要将测试数据直接保存到计算机而不是自动驾驶仪的 SD 存储卡上（请参阅以下部分），则终端软件可以方便地使用日志模式，在该模式下，可以选择输出文件和包含操作数据的目标文件夹。

4）连接按钮：它连接到自动驾驶仪端口，并通过串行传输协议获取或发送数据。连接之前，请确保系统已通电。此外，在拔出设备的电源之前，请确保已断开串行连接按钮。

实现提示

由于数据是连续存储的，为了不丢失信息，在数据之间放置制表符和间隔符是很方便的，并且可以方便地与任何其他软件一起用于相应的分析。

在物理拔出设备之前，请不要忘记取消串行读取。否则，可能会导致端口故障甚至烧毁。

你必须记住，使用串行监测器会通过加速或减速来中断自动驾驶仪的正常运行（因为它需要两个不同系统之间的协调：自动驾驶仪和它所连接的计算机）。因此，在执行重要的应用程序（如无人机飞行）之前，可以方便地注释或删除调用串行监测器读写的所有行。

某些应用程序仅允许通过计算机的 USB 端口为 Pixhawk 供电，因此无须连接锂电池。其中一些是内部传感器的读取、读取模拟和数字端口、LED 照明等。但是，对于具有更高功率要求的应用，例如启动电机和伺服系统或其他自动驾驶仪之间的串行通信，使用锂电池也非常方便。为使其正常运行，首先通过锂电池给自动驾驶仪通电，然后通过 USB 将自动驾驶仪连接到计算机。完成后，连接串行监测器。

为了避免在计算机的同一电源通道中浮动电气连接。在这种情况下，浮动连接（例如，放置在同一条电源线上但与相应设备断开连接的电缆）会产生逻辑噪声，并导致自动驾驶仪检测到逻辑级别的故障以及发生故障。

清单 4-4 和 4-5 提供了写入终端的示例。请注意以下几点：

❑ 语法为 `printf("text,spacers and variable references %f\n",data);`。
❑ 对于整数的引用通常为 `%d`，对于浮点数的引用通常为 `%f`，`%c` 代表字符，依此类推。
❑ 间隔符通常是 `\n` 表示换行符，`\t` 表示制表符等。

你可以在以下位置找到更多信息 http://ardupilot.org/dev/docs/learning-ardupilot-uarts-and-the-console.html。

清单 4-4 示例代码 TerminalWrite.pde

```
///////////////////////// DECLARATION ////////////////////////
//              Put the header here
//                 see the appendix

//////////////////// the code goes here /////////////////////

// Here is placed the code of each example
// its respective defined functions, the setup cycle, the loops
// and fast loop before initializing, other variables or
// libraries must be defined
```

```
/////////////////////// INITIALIZATION ///////////////////////
//          Similar to arduino  setup
//          Copy from apendix
/////////////////////// EXECUTION ///////////////////////
//          Main loop, similar to arduino coding
void loop(){
    hello();    // internal function hello
    world();    // external function world
}
//        auxiliar functions, includind Ardupilot libraries
//        hello internal function, which is defined in this file

static void hello(){
    hal.console->printf("HELLO\n"); // printf command
}

AP_HAL_MAIN(); // Ardupilot function call
```

清单 4-5　辅助代码 WorldFunction.pde

```
// External function world, which is in WorldFunction.pde file

static void world(){
    hal.console->printf("WORLD\n");
}
```

实现提示　如你所见，执行这些文件和以下代码的方法是使用函数。这可以在主文件或辅助外部文件中以标准方式完成。

虽然模块的使用在 ArduPilot 库的工作环境之外更为复杂，但设计人员对其进行了优化，以便在编译主文件时唯一需要考虑的是其名称与完整项目的文件夹一致。模块的使用有助于信息管理、流程和设计，并且适合于实时部分。同样，由 ArduPilot 库预先设计的基本程序（ArduCopter.pde）也是基于模块设计的。

4.2.2　读取终端

某些测试（如确定电机的启动值）涉及写入一系列顺序生成或由键盘手动输入的值。尽管可以将 Arduino 或其他开发卡用于上述目的，但在本节中，你将通过 SDK 学习如何实现。为此，你将使用读取终端接口。

清单 4-6 从键盘上读取并在屏幕上显示接收到的字符（请注意，此命令返回字符）。

清单 4-6 提供了一个从终端读取信息的示例。请注意以下：

❑ 语法为：

```
char read( );
```

你可以在这个网站上找到更多信息：http://ardupilot.org/dev/docs/learning-ardupilot-uarts-and-the-console.html

清单 4-6　示例代码 TerminalRead.pde

```
///////////////////////////// DECLARATION /////////////////////////
//                 Put the header here
//                   see the appendix

/////////////////////////// the code goes here //////////////////////

char readd;

// Here is placed the code of each example
// its respective defined functions, the setup cycle, the loops
// and fast loop before initializing, other variables or
// libraries must be defined

/////////////////////////// INITIALIZATION /////////////////////////

//             Similar to arduino  setup
//                 Copy from appendix

//////////////////////////// EXECUTION /////////////////////////////

//              Main loop
void loop(){
    toread();     // toread function is called
}
//            toread function definition
static void toread(){
    readd= hal.console->read(); // read command
    hal.console->printf("hola %c\n",readd);
    hal.scheduler->delay(300); // without this delay you won't
                                    // see nothing
}

AP_HAL_MAIN();// Ardupilot function call
```

4.2.3　读取无线电信号

- ❑ **组件**：无线电发射器、无线电接收器和 PPM 调制器（如果需要）。
- ❑ **说明**：此设备是一个由两部分组成的系统，即发射器和接收器，以及在接收器没有 PPM 数据调制器的情况下的附加设备。
- ❑ **连接**：Pixhawk 需要连接到 PPM 型无线电接收器：一个包含所有无线电信道信号混合的单个信道。为此，请使用包含 PPM 输出端口或称为 PPM 调制器的第三元素的接收器。
- ❑ **无线电绑定**：通常，无线电的发射器和接收器匹配，这意味着接收器对发射器做出响应。如果它们是单独购买的，请查阅其绑定程序。

不使用 Pixhawk 进行无线电测试可以通过两种方式执行：

1）使用无刷电机。请参阅图 4-1。

a. 确认 ESC 不是光耦合的，或者 ESC 有 BEC。

b. 如图 4-1 所示组装它们（将电机与 ESC 和电池连接，并允许使用速度调制端口），并检查 BEC 与无线电接收器的电气兼容性。

c. 将 ESC 的速度调制端口连接到遥控接收器的一个输出端（不是 PPM）。例如，使用油门端口、偏航端口等。

d. 通过这样做，接收器将通电并能够接收无线电接收器发送给 ESC 的直接输出。

e. 油门输出必须通过油门杆发射器激活。偏航杆输出必须通过偏航杆发射器等激活。电机应根据其连接的通道开始旋转。

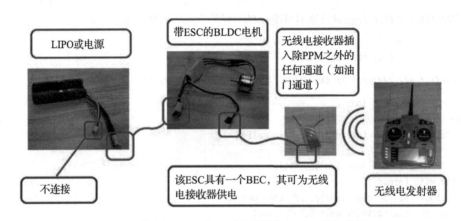

图 4-1 使用 BLDC 和无可编程设备测试无线电控制

2）对于伺服电机，请参见图 4-2。

a. 确认它是小型伺服电机，特别是低电流和低电压消耗的电机。如果伺服电机为高电压或高电流，则不应直接连接，如图 4-2 所示。根据要求，将需要一个中间功率级（基本上是消除器或电子调节器，例如 7805）。如果验证过程未完成，则可能损坏接收器。为了避免这种情况，请检查接收器和伺服电机支持的最大电压和电流。

b. 遵循第 1 步中的电流和电压值，进行图中所示的连接。

c. 移动与接收器通道相对应的无线电发射器的控制杆。为了避免损坏伺服电机，必须缓慢进行此操作。请记住，伺服电机会模仿操纵杆，如果操纵杆移动得太快，伺服机构会断裂或燃烧。

注意 尽管还有其他类型的无线电通过 Pixhawk 的其他端口互连（例如，参见 Taranis），但是该算法用于通过 PPM 连接的无线电。请避免同时使用两种无线电。

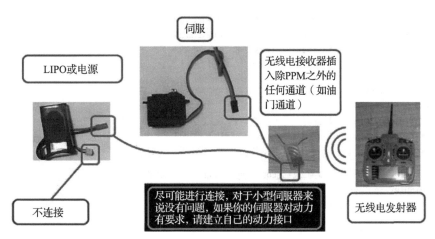

图 4-2 如黑盒中所述，在带有伺服器且无可编程设备的情况下测试无线电控制，
请记住在连接之前查看伺服器电源的详细信息

清单 4-7 提供了读取无线电控制信号的示例代码。

清单 4-7 提供了无线电读取的示例。请注意语法是：

```
uint16_t read(uint8_t channel);
```

你可以在此网站找到更多信息：https://github.com/ArduPilot/ardupilot/blob/master/libraries/
AP_HAL/RCInput.h。

清单 4-7 读取无线电控制信号

```
//////////////////////// DECLARATION ////////////////////////
//              Put the header here
//              See the appendix

//////////////////////// the code goes here ////////////////////

int radio_roll, radio_pitch, radio_yaw, radio_throttle, aux_1,
aux_2;
uint16_t radio[6]; // the radio on this example has 6 channels

//////////////////////// INICIATIZATION ////////////////////////

//              Similar to Arduino setup
//              Copy from apendix

//////////////////////// EXECUTION ////////////////////////

//                Main code

void loop(){
// step 1 read all the channels
for (uint8_t i = 0; i <6; i++)
      {radio[i] = hal.rcin->read(i);}
```

```
// step 2 assign the readings to variables and adapt them
// according to personal scales mode 2 of remote control are
// usually associated with multicopters

radio_roll   = (radio[0]-1500)/3;
radio_pitch = (radio[1]-1510)/3;
radio_throttle = radio[2];
radio_yaw = (radio[3]-1510)/2;
aux_1 = radio[4];
aux_2 = radio[5];

// Displaying data every 20 milliseconds by using pause or delay
hal.scheduler->delay(20);
hal.console->printf("%d\t %d\t %d\t\n",radio_roll,radio_
pitch,radio_yaw);

}

AP_HAL_MAIN();// Ardupilot function call
```

实现提示：map 函数

无线电具有连续的值，并根据每个制造商而有所不同。对于清单 4-7 中所示的示例，所使用的无线电的值在 1000 到 2000 之间。因此，在用户可解释的范围内进行值的映射是很方便的。例如，如果偏航角要在 0 到 360 度之间工作，则通过 map 函数进行转换很方便。

```
float map (float value, float minin, float maxin, float minout,
float maxout)
{
  return (value - minin) * (maxout - minout) / (maxin - minin) +
  minout;
}
```

map 函数假设要映射的设备的响应是线性的。实际上，由于它遵循通过两点的直线方程，因此可以注意到。如果要映射的设备具有其他行为（例如指数或对数），则使用其他某种类型的映射会很方便。为此，你应该查看制造商通常提供的数据表（用于无线电控制、传感器、电机等），或者通过作图并应用最方便的映射函数凭经验进行处理。如果图形看起来像一条直线，则可以使用线性映射。如果采用其他形式，则可以将其与其他类型的等式相关联。

$$P(x_1, y_1) \quad Q(x_2, y_2)$$

$$y = \frac{y_2 - y_1}{x_2 - x_1}(x - x_1) + y_1$$

在这种情况下，

$$P(\mathbf{minin}, \mathbf{minout}) \quad x = \mathbf{value}$$

$$Q(\mathbf{maxin}, \mathbf{maxout}) \quad y = \mathbf{map}$$

注意，函数输出和输入都必须与适合于应用程序使用的变量类型相关联。例如，对于 Arduino（该函数就是从这里获取的），该函数根据定义使用整数类型。但是，如果希望获得更好的精度和小数位数，可以使用浮点或双精度类型。然而，这降低了处理能力。在某些情况下，使用整型数据类型可能更方便（尤其是对于低分辨率传感器或数据纯粹由整数组成的输入，例如某些遥控器）。

清单 4-8 中给出的示例很简单：假设遥控器读取 1070 到 1920 之间的值，则必须为遥控器的每个通道验证这一事实。

清单 4-8　无线电频道的映射

```
/// minimum and maximum values of the yaw channel of the remote
/// control measured by the reader
float yawminrc=1070;
float yawmaxrc=1920;

/// initialization of the variable that contains the transformation
/// in degrees from 0 to 360

float yawgrados=0;

/// reading the yaw channel of the remote control,
/// assuming it is in mode 2
/// mode 2 is the one commonly used for multicopters and helicopters

float yawradio=hal.rcin->read(3);

/// mapping
yawgrados=map(yawradio,yawminrc,yawmaxrc,0,360)

/// this can also be used if a symmetric operating range is desired
/// yawgrados=map(yawradio,yawminrc,yawmaxrc,-180,180)
```

实现提示：饱和函数

饱和函数使你可以无限制地限制一组值，以使它们不超过特定水平，以免超出操纵杆或电机的最大和最小允许值，或获得有限的运动范围。（例如，人的头不能无限旋转）。

为此，饱和函数的定义如下：

$$y = \text{Sat}(x) = \begin{cases} M & \text{如果 } x \geq M \\ x & \text{如果 } x < M \text{ 和 } x > m \\ m & \text{如果 } x \leq m \end{cases}$$

其中，Y 是输出值，X 是输入值，M 是最大值，m 是最小值。参见图 4-3。

尽管出于说明目的而制作了图 4-3，但请注意，M 和 m 的限制可以是正数，也可以是负数（请参见清单 4-9）。饱和函数是一个逻辑函数，因此它可以具有其他名称、

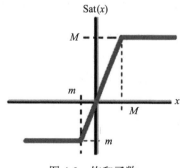

图 4-3　饱和函数

定义和类似函数。其中包括以下函数：signum 函数、heavyside 函数、step 函数、arctan 函数、开关型激活函数、二进制阶梯函数、双曲正切函数和 sigmoid 函数。

清单 4-9 饱和函数的代码

```
float sat (float val, float maxi, float mini)
{
    if(val>=maxi) val=maxi;
    else val=val;
    if(val<=min) val=min;
    else val=val;
    return val;
}
```

例如，假设你有一个方向传感器，可以测量 –180 至 180 度之间的值，但是为了避免损坏设备或避免达到奇异值，你希望将值限制在 –45 至 45 度之间。

清单 4-10 较小程度的饱和值

```
// it is assumed that the roll variable exists and
// that it can take values between -pi and pi radians
// see the upcoming section about the use of the inertial sensor

rolldeg=mapeo(-3.14,3.14,-180,180,roll);
rolls=sat(rolldeg,45,-45);
```

需要记住的实现技巧是：

❑ 对于清单 4-10，如果需要，可以方便地获取最大值、最小值和中间值。为此，将要与串行监测器一起使用的每个信号都进行可视化。

❑ 建议使用锂电池适配器，以使无线电设备保持打开状态的时间更长。一些无线电设备已经与这种连接器一起提供。

❑ 通常，在使用发射器和接收器之前，必须进行绑定处理。这是为了验证它们是否兼容并使用相同的通信信道。为此，每个无线电模型都有自己的绑定方法。

4.3 辅助通道与状态机简介

作为标准，假定一台无线电设备至少配备了四个通道：一个用于海拔或高度（称为油门），另外三个用于制导控制：一种用于转动自己的轴（偏航或方向舵），其余用于通过改变无人机的倾斜角度（俯仰和侧倾）在 XY 平面内间接移动。

但是，假设你要远程执行其他任务。例如，你希望指示起飞、着陆、喷雾器点火等的确切时刻等。

对于这些情况，遥控器最好有辅助控制装置，可以是两个或三个位置的控制杆、按钮或连续旋转旋钮。

如果遥控器中有更多辅助通道可用，那么就可以分配更多任务。但是，遥控器具有的通道越多，则价格也会更高。因此，讨论状态机使用较少通信通道增加要执行的任务是很有意义的。

假设你有一个六通道无线电设备。如前所述，其中至少有四个应用于无人机移动，因此有两个辅助通道。乍一看，你可能认为你只有两个额外的任务能力。但是，如果这些通道是"开/关"控制杆类型，则实际上有四种状态的组合，用于执行四种不同的任务：

```
Aux1 ON/Aux2 ON
Aux1 ON/Aux2 OFF
Aux1 OFF/Aux2 ON
Aux1 OFF/Aux2 OFF
```

你还可以使用 ON / OFF 操纵杆类型的辅助通道，以及另一个具有三个位置的辅助通道。这样，可以将六个可能的组合分配给六个任务：

```
Aux1Pos1/Aux2 ON
Aux1Pos1/Aux2 OFF
Aux1Pos2/Aux2 ON
Aux1Pos2/Aux2 OFF
Aux1Pos3/Aux2 ON
Aux1Pos3/Aux2 OFF
```

进行这些推论后，立即采取的行动是根据控制杆的位置逻辑确定一系列操作并在任务之间进行更改。这称为状态机。

例如，考虑使用两个辅助通道和四个任务的无人机窗户清洁序列。你有一个遥控器，它有两个辅助通道和两个状态类型的控制杆（开/关）。四项任务是：

（A）起飞；（B）清洁窗户；（C）正常降落（完成任务后无任何问题地降下无人机）；（D）紧急停止（如果有任何问题，立即降落，依次中断其他任务）。

第一步是为每个任务分配操纵杆组合。为了不进行中间组合，可以方便地指定一个顺序，在该顺序中逐步进行更改，并一次激活一个操纵杆。请参阅表4-1。

表 4-1 状态机的示例

状态	任务	AUX1 与 AUX2 组合
（A）	起飞	0,1
（B）	清洁窗户	1,1
（C）	正常降落	1,0
（D）	紧急停止	0,0

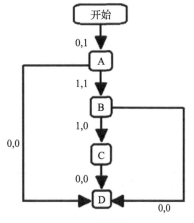

图 4-4 本例的状态机

下一步是定义状态之间的过渡，并丢弃不必要的过渡。例如，希望从清洁（B）到正常降落（C），而不是从紧急停止（D）到起飞（A），或从紧急停止（D）到清洁（B）。在这些情况下，理想的操作只是保持该状态。

图 4-4 中的图解释如下：

☐ 当无人机停止时，唯一的起飞方法是使用操纵杆（0,1）的组合。其他所有组合均使其停止。

☐ 无人机起飞（A）时，清洁窗户的唯一方法是通过组合（1,1）。如果（0,0）组合被激活，则进入紧急停止状态。如果激活了任何其他组合，则无人机将保持在起飞模式。

☐ 当无人机处于清洁模式（B）时，正常降落的唯一方法是通过组合（1,0）。如果组合（0,0）被激活，则执行紧急停止。如果激活了任何其他组合，则无人机保持清洁模式。

☐ 当无人机处于正常降落模式（C）时，除非激活紧急停止（0,0）组合，否则飞机将平稳着陆。激活任何其他组合意味着无人机停留在正常模式下。

☐ 最后，当无人机处于紧急停止（D）时，除非断开电池并重新连接，否则操纵杆的任何组合均无效。

读者应注意，状态机的逻辑取决于最终用户。在处于状态（D）的情况下，如果激活（0,1）组合，则一些读取器可能会切换到起飞（A），或者如上例所示，再次起飞可能失效直到电池复位。

这样，你已使用带有两个辅助杆的组合逻辑来定义操作序列。请注意，尚未定义每个任务所需的命令。但是，已经定义了一旦检测到辅助通道应遵循的步骤。可以使用简单的条件命令（例如 IF、WHILE、SWITCH 等）对代码进行编程。

在下面的章节中，你将返回到本节中所看到的内容，但它将应用于四轴飞行器飞行的一般示例，以便于设计用于在悬停模式和跟随轨迹模式之间切换的控制器。

实现技巧 有时，程序员会按照自己的逻辑或者只是认为可以省略此步骤而忽略了状态机的实现。然而，重要的是要知道如何设计状态机，或者至少要有状态机的概念，以便制作操作图或流程图。这使其他程序员更容易理解你的代码。

4.3.1 内部传感器读取位置和方向

☐ 设备：磁力计、气压计、加速度计、内置陀螺仪

☐ 组件：由 USB 数据线或锂电池供电的 Pixhawk

☐ 说明：Pixhawk 具有用于测量位置、高度、方向、线性加速度和角速度的内部设备。如代码中所述，获取此数据需要融合这些传感器，除了 GPS，后者允许基于卫星三角测量进行独立测量。如果要获得 X 和 Y 平面位置的测量值，这是必需的。

另外，高度是保持无人机飞行的重要参数，表 4-2 说明了测量高度的方法。

表 4-2 测量无人机高度的方法

高度测量的类型	特点
GPS	适用于开放区域，不适用于建筑或林木区域，在大多数情况下因厘米级分辨率而不适用于降落或起飞
	适用于大范围、高海拔和空旷区域

（续）

高度测量的类型	特点
气压计	适用于实验室或中等高度（最高约 5 米） 不建议用于起飞或降落，因为它的高噪声级和漂移误差（累积误差）
模拟	例如超声波或激光雷达传感器 建议用于起飞和降落（测量分辨率在 20 厘米到 2 米之间）
串行	一个例子是照相机加上树莓型开发卡 只要摄像机和人工视觉算法足够强大，就可以在任何情况下使用 允许串行数据无线通信

实现提示

- [ ] 如果需要同时连接锂电池和 USB 电源，请确保先连接锂电池。
- [ ] 电气噪声是不可避免的现象。它是由电机振动产生的，与搅拌机或钻头影响大多数电视屏幕的方式非常相似。但是，要在某些项目中将其衰减，可以在无人机的框架和自动驾驶仪之间添加消散垫。
- [ ] 漂移是某些传感器中的另一种不可避免的现象，例如气压计（一种测量高度随压力变化的装置）。在这种情况下，使用不同的传感器来测量不同的海拔模式是很方便的。例如，在降落和起飞过程中使用模拟声呐或激光来测量高度，或在飞行过程中使用其他精细的距离任务，并将气压计与 GPS 和惯性控制单元结合使用，以在非常高或明确的飞行范围内测量高度。
- [ ] 到目前为止，全球定位系统相对于其他传感器的分辨率仍然不可靠（以厘米为单位）。因此，它必须在开放场景中使用（在封闭环境中不太有效）。同样，必须在分辨率不太重要的情况下使用它。例如，在大范围的运动中（例如沿着道路行驶或探索庄稼）。
- [ ] 避免在高压线路和变压器附近飞行，因为 IMU 具有一个地磁场磁力计，其测量值会在电磁感应的作用下发生改变。
- [ ] 为了调整方向，你需要考虑称为"奇点"的情况，尤其是在连续运动（如偏航角）中。在标准多轴飞行器的横滚和俯仰等运动受限的情况下，无须担心它们。在这些情况下，传感器发生突变的位置如图 4-5 所示。请注意，图中以"度"表示以便于理解，但是传感器通常以弧度为单位进行测量。但是，这不会改变问题的性质，只会改变所使用的单位。

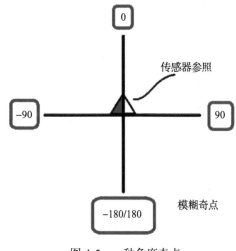

图 4-5　一种角度奇点

在这种情况下，使用归一化方法很方便，这意味着需要调整值，使其具有连续的工作范围。对于这些测试，将使用相对于测量值左右对称的角度归一化算法。它的执行过程如下：

1）计算角度误差。

2）应用以下成员规则。它指示角运动相对于测量角度是向左还是向右归一化。请参阅图 4-6。

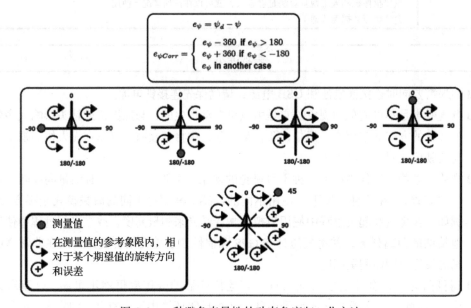

$$e_\psi = \psi_d - \psi$$

$$e_{\psi Corr} = \begin{cases} e_\psi - 360 & \text{if } e_\psi > 180 \\ e_\psi + 360 & \text{if } e_\psi < -180 \\ e_\psi & \text{in another case} \end{cases}$$

● 测量值

⤹ 在测量值的参考象限内，相对于某个期望值的旋转方向和误差 ⤸

图 4-6 一种避免奇异性的动态角度归一化方法

请注意，反向旋转算法、转移算法（−180°，180°）到（0°，360°）、考虑转数的算法或绝对参考算法也可能存在。在这种情况下，描述了相对于测量值的相对参考算法。还要注意，所提出的算法使你可以减少奇点对这些测量位置的影响。为此，我们建议你在电子表格中测试给定的算法，并确认转弯方向和误差幅度。提出的算法旨在最小化无人机的能量消耗以及旋转时间，建立相对于测量轴的旋转对称性，该对称性是动态更新的并且可以应用于任何其他类型的无人机。参见清单 4-11 和清单 4-12。

清单 4-11 提供了一个角度读取的示例。请注意以下几点：

❑ 语法为：

```
ahrs.roll;
ahrs.pitch;
ahrs.yaw;
for angles
const Vector3f &get_gyro(void)
for angular velocities
```

你可以在下列网址寻找到更多信息：

> https://github.com/ArduPilot/ardupilot/blob/master/libraries/
> AP_AHRS/AP_AHRS.h
> https://github.com/ArduPilot/ardupilot/blob/master/libraries/
> AP_AHRS/examples/AHRS_Test/AHRS_Test.cpp
> https://github.com/ArduPilot/ardupilot/blob/master/libraries/
> AP_InertialSensor/AP_InertialSensor.h
> https://github.com/ArduPilot/ardupilot/blob/master/libraries/
> AP_InertialSensor/examples/INS_generic/INS_generic.cpp

清单4-11 方向和角速度读数

```
//////////////////////// DECLARATION /////////////////////////
//                    Put the header here
//                    see the appendix

//        verify or add these lines

static AP_GPS  gps;
static AP_Baro barometer;
static AP_InertialSensor ins;
static AP_SerialManager serial_manager;
static Compass compass;
#if CONFIG_SONAR == ENABLED
static RangeFinder sonar;
static bool sonar_enabled = true;
#endif

/////////////////////// the code goes here //////////////////////

//        verify or add these lines

float roll, pitch, yaw;
float gyrox, gyroy, gyroz;
Vector3f gyro;

//////////////////////// INITIALIZATION /////////////////////////

void setup(){
//          verify or add these lines
    compass.init();
    compass.read();
    ahrs.set_compass(&compass);
}
//////////////////////// EXECUTION /////////////////////////

void loop(){
// angular reading
    ahrs.update();
    roll  = ahrs.roll;
    pitch = ahrs.pitch;
```

```
    yaw   = ahrs.yaw;

// angular velocities reading
    gyro  = ins.get_gyro();
    gyrox = gyro.x;
    gyroy = gyro.y;
    gyroz = gyro.z;

}

AP_HAL_MAIN(); // Ardupilot function call
```

清单 4-12 提供了气压计读数的示例。注意以下几点：

❑ 语法为：

```
float barometer.get_altitude( );
```

和 .get_climb_rate 垂直速度

你可以在此网址找到更多信息：https://github.com/ArduPilot/ ardupilot/blob/master/libraries/ AP_Baro/AP_Baro.h

清单 4-12　气压计的高度和垂直速度读数

```
///////////////////////// DECLARATION /////////////////////////
//              Put the header here
//                see the appendix

///////////////////// the code goes here //////////////////////

//      verify or add these lines

static AP_Baro barometer;
float baro_alt=0;

/////////////////////// INITIALIZATION ////////////////////////

void setup(){
//          verify or add these lines
    barometer.init();
    barometer.calibrate();
}
/////////////////////// EXECUTION //////////////////////////////

void loop(){
    barometer.update();
    baro_alt = barometer.get_altitude();
}

AP_HAL_MAIN();// Ardupilot function call
```

4.3.2　外部位置传感器读数（GPS）

❑ 组件：GPS 和 Pixhawk

❑ **说明**：到目前为止，使用清单4-11和清单4-12，可以测量方向和高度。但是，为了测量平面位置（X，Y），你可以遵循以下三个路径：

1）使用积分器或数学观测器对加速度和速度进行估算。在这种情况下，加速度测量值由ins命令通过其 `accel` 属性：`ins.get_accel()` 获得。

但是，这会导致性能错误的累积。这些错误是由滤波延迟和增加的噪声引起的（基于噪声信号的估计将仅获得另一个噪声信号）。图4-7显示了最简单的算法（称为脏积分或矩形近似）。

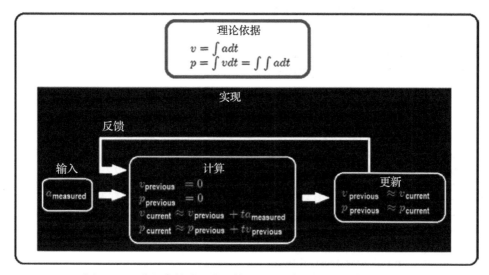

图 4-7　一种基本的脏积分器算法，可从加速度获取位置和速度

无须赘述，它基于可连续更新的总和，因为积分的近似值是一系列相加的矩形区域。但是，它有一些重要的细节：

a. 作为一个总和，它可能溢出。

b. 如果积分间隔很大，则近似值通常不足。

c. 如果运动曲线不平滑或噪声很大，则积分会试图将噪声和突变相加，从而导致更多的误差传播。

只有在其他传感器出现紧急情况或故障时，才建议使用此选项。最好使用直接传感器（例如GPS或相机）。如果你对更多细节感兴趣，可以使用基于脏积分修改的创新算法。其中之一可以在该网址上找到：http:// x-io.co.uk/gait-tracking-with-x-imu/。

2）从专用传感器（例如带有人工视觉的摄像机或模拟或串行位置传感器）获取测量值（请参阅有关串行通信、从模拟传感器读取以及与开发卡进行串行通信的章节）。

建议在GPS信号未覆盖的内部空间中使用此选项，或者在更精确的任务，例如起飞、着陆或与环境自动接触（窗户、墙壁、其他附近的无人机等）中使用此选项。

3）使用 GPS。强烈建议在室外空间，尤其是在开放区域使用此选项（GPS 不适用于封闭空间或树木、建筑物、墙壁等之间）。

对于精度不是重要因素的长途飞行，建议使用此选项（标准 GPS 从米制误差到厘米误差）。虽然有毫米范围的 GPS，但其成本大大增加。参见清单 4-13。

清单 4-13 提供了一个 GPS 读取示例。请注意以下几点：

❑ 语法为：

```
const Location &location( )
virtual void set_home(const Location &loc)
void set_initial_location(int32_t latitude, int32_t
longitude)
virtual const Vector3f&    get_position( )
virtual const Vector3f&    get_velocity( )
```

你可以在下列网站找到更多信息：

https://github.com/ArduPilot/ardupilot/blob/master/
libraries/AP_GPS/AP_GPS.h
https://github.com/ArduPilot/ardupilot/blob/master/
libraries/AP_GPS/examples/GPS_AUTO_test/GPS_AUTO_test.cpp
https://github.com/ArduPilot/ardupilot/blob/master/
libraries/AP_AHRS/AP_AHRS.h
https://github.com/ArduPilot/ardupilot/blob/master/
libraries/AP_Compass/AP_Compass.h
https://github.com/ArduPilot/ardupilot/blob/master/
libraries/AP_InertialNav/AP_InertialNav.h

清单 4-13 使用 GPS 读取平面位置和速度（也包括高度）

```
//////////////////////// DECLARATION ////////////////////////
//               Here goes the header
//                  See apendix

// verify or add this line
static AP_InertialNav_NavEKF inertial_nav(ahrs);
//////////////////////// your code is here ////////////////////////

//      verify or add these lines

static Vector3f pos_gps;
static Vector3f vel_gps;
static Vector3f pos;
static Vector3f vel;
static AP_GPS  gps;
static Compass compass;

//////////////////////// INITIALIZATION ////////////////////////

void setup(){
```

```
//           verify or add these lines
    gps.init(NULL,serial_manager);
    ahrs.set_compass(&compass);
}
/////////////////////// EXECUTION ///////////////////////////

//                Main loop
void loop(){
    update_GPS();
}

//            GPS auxiliary function
static void update_GPS(void){
    static uint32_t last_msg_ms;
    gps.update();
     if (last_msg_ms != gps.last_message_time_ms())
     {
         last_msg_ms = gps.last_message_time_ms();
         const Location &loc =gps.location();
         flag = gps.status();
     }

    uint32_t currtime = hal.scheduler->millis();
    dt = (float)(currtime - last_update) / 1000.0f;
    last_update = currtime;
// a delta t is required to internally calculate velocities
    inertial_nav.update(dt);

// this part verifies that there are at least 3 satellites to
// operate and turn on the led if this is affirmative,
// also changes a variable called flag2 to update speeds

    flag= gps.num_sats();

    if(pos.x!=0 && flag >=3 && flag2==1){
        const Location &loc = gps.location();
        ahrs.set_home(loc);
        compass.set_initial_location(loc.lat, loc.lng);
        toshiba_led.set_rgb(0,LED_DIM,0);   // green LED
        flag2 = 2;
     }

    pos_gps  = inertial_nav.get_position();
    vel_gps = inertial_nav.get_velocity();
// a gps of centimetric resolution is assumed
// and then it is transformed to meters

    pos.x=((pos_gps.x)/100);
    pos.y=((pos_gps.y)/100);
    pos.z=((pos_gps.z)/100);
```

```
    if(flag2==2){
        vel.x=((vel_gps.x)/100);
        vel.y=((vel_gps.y)/100);
    }
    vel.z=((vel_gps.z)/100);
    flag2==1;
// utility to display the GPS data, comment if it is not needed
//hal.console->printf("%f\t %f\t %f\t %f\t
//%d\n",pos_gps.x,pos_gps.y,vel_gps.x,vel_gps.y,gps.num_sats());
}

AP_HAL_MAIN(); // Ardupilot function call
```

实现提示 有六颗卫星可用就可以运行。卫星越多，分辨率和操作就越好。

一段时间后，如果当前位置和先前位置之间的误差仍然很小（无噪声、几乎恒定、似乎没有变化、趋于接近零的值），或者没有足够数量的卫星，则可以使用传感器融合。即，通过数学方法或通过板上的另一个传感器（摄像机、雷达、激光器等）来激活位置信号更新的操作周期。

4.3.3 读取模拟传感器

❑ **组件**：不同的模拟传感器和 Pixhawk

❑ **说明**：Pixhawk 允许连接各种模拟传感器，例如距离、颜色、接触力等的超声波测量仪。

❑ **连接**：模拟传感器通常具有三个引脚：电源、接地和信号。但是，并非所有模拟传感器都具有 Pixhawk 的连接端口。你可能需要将传感器焊接或调整到此端口。

实现提示 为了获得所需的工作范围，必须使用映射函数。这是因为传感器可以具有任意范围的值。线性映射通常是有效的，但是建议查阅制造商的技术说明书，因为某些传感器具有高度非线性的行为（不表现为直线）。在这种情况下，读者有责任建立自己的通信规则。

在某些情况下，为了避免传感器到达危险点，建立饱和函数是有用的。简单地建立一个有限的工作区域也可能是有用的。

不要忘了检查传感器的最大和最小电气值，并使其适应自动驾驶仪的电气值。如果传感器提供大量的电流或电压，则自动驾驶仪可能会发生爆炸。

Pixhawk 具有三个模拟输入，其中一个为 6.6V，两个为共享的 3.3V 端口。要获得正确声明，请在以下网址检查端口方向 http://ardupilot.org/copter/docs/common-pixhawk-overview.html。

对于清单 4-14 中的示例，使用连接到引脚 15 的传感器。

清单 4-14 提供了一个模拟读取的示例。请注意以下几点：

❏ 语法为：

```
ch=hal.analogin->channel(chan);
ch->set_pin(chan number);
ch->voltage_average( );
```

你可以在此找到更多信息：https://github.com/ArduPilot/ardupilot/blob/master/libraries/AP_HAL/AnalogIn.h

https://github.com/ArduPilot/ardupilot/blob/master/libraries/AP_HAL/examples/AnalogIn/AnalogIn.cpp

清单 4-14　读取模拟端口

```
//////////////////////// DECLARATION /////////////////////////
//                 Put the header code here
//                      see apendix

// verify this line or add it
AP_HAL::AnalogSource* ch;

//////////////////////// INITIALIZATION ////////////////////////

//          setup cycle
void setup(){

// verify these lines or add them
    ch = hal.analogin->channel(0);
    ch->set_pin(15);

}
//////////////////////// EXECUTION /////////////////////////

// Main loop and ADC function call
void loop(){
    adc();
}
//        ADC function definition

static void adc(){
    float v = ch->voltage_average();
    hal.console->printf("voltaje:%f \n",v);
}

AP_HAL_MAIN(); // Ardupilo function call
```

4.3.4　信号滤波

❏ 组件：任何传感器

❑ 说明：许多交通工具，特别是易受到振动影响的交通工具，如在不规则地形上的或空中的，将其机械噪声转换为电气噪声，尤其是因为它们有电机。

因此，它们的传感器所做的测量也会受到影响。为了减少机械振动或其他干扰源对不可避免的噪声的影响，最有效的方法是信号滤波。

尽管有许多模拟和数字电子滤波器，但在本节中，我们将介绍 ArduPilot 库中包含的计算滤波器，如低通滤波器。无须进一步赘述细节，我们可以说，它们接收了一个感兴趣的信号，并使之变柔和。

使用滤波器的最大问题是它们会在滤波后的信号上产生延迟。参见图 4-8。这意味着滤波后的信号将比原始信号晚到达，可能会影响性能。这就是拥有适度的过滤器或专用处理器会很方便的原因。Pixhawk 则两者兼备。

相对于引入的滤波器，设计一种将输出信号延迟最短时间的滤波器也很方便。在这种情况下，ArduPilot 库具有一系列过滤器。因此，你可以选择最适合你的一种应用程序。

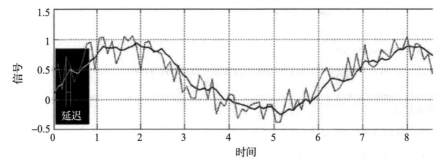

图 4-8　噪声信号及其滤波信号

在图 4-8 中，你可以看到软（滤波）信号看起来比噪声信号（原始信号）延迟得多。这意味着原始信号首先出现，滤波信号在处理后出现（如果系统的运行很关键，则两个信号之间的延迟可能会变得不确定）。这样，滤波器设计就变成了消除噪声和滤波信号延迟之间的博弈。参见清单 4-15。

清单 4-15 提供了一个信号滤波的示例。请注意以下几点：

❑ 语法为：

```
static LowPassFilter2pFloat NAME(SamplingFrequency,
CutFrequency);
filteredSignal = NAME.apply( originalSignal );
```

你可以在此找到更多信息：https://github.com/ArduPilot/ardupilot/tree/master/libraries/Filter/examples

https://github.com/ArduPilot/ardupilot/blob/master/libraries/Filter/examples/LowPassFilter2p/LowPassFilter2p.cpp

清单 4-15 信号滤波

```
/////////////////////////// DECLARATION ///////////////////////////
//              Place here the header
//                       see appendix

////////////////////// place your code here //////////////////////

// verify t.hat the following lines exist or add them
// this code uses part of the code related to the barometer

static AP_Baro barometer;

// in the following line the characteristics and name
// of the filer to be use are defined
static LowPassFilter2pfloat fil_posz(10,0.8);
float baro_alt=0, alt_fil:

////////////////////////// INITIALIZATION //////////////////////////

void setup(){
//           verify or add the following lines
    barometer.init();
    barometer.calibrate();
}
////////////////////////// EXECUTION //////////////////////////

void loop(){
    barometer.update();
    baro_alt = barometer.get_altitude();
// on the next line, the previously defined filter is applied
// to a signal of interest, in this case the one received by
// the barometer

    alt_fil=fil_posz.apply(baro_alt);

}

AP_HAL_MAIN(); // Ardupilot function call
```

4.3.5 读写数字

- **组件**：JTAG 电缆和两态数字组件（LED、按钮等）
- **说明**：数字端口允许将二进制组件（ON / OFF 类型）（如 LED、按钮、脉冲编码器读取器或蜂鸣器）用作指示器、声音或视觉警报、安全或启动按钮，或当多个自动驾驶仪之间连接时用作任务序列器（也就是说，根据读取的二进制信号，自动驾驶仪可能会也可能不会执行给定功能）。这种类型的端口称为 GPIO（通用输入与输出）。
- **连接**：仅需要使用接地引脚和信号引脚。在这些情况下，可以方便地断开 Pixhawk 电源端口的连接。参见清单 4-16。

实现提示   根据 ArduPilot 库网页，数字端口有关联的编号。转到此处了解更多 http:// ardupilot. org/copter/docs/common-pixhawk-overview.html。

与任何其他端口一样，查看自动驾驶仪和要连接设备的电气规格也非常方便。

清单 4-16 提供了一个数字输入和输出的示例。请注意以下几点：

❑ 语法为：

```
pinMode(uint8_t pin, uint8_t output)
write(uint8_t pin, uint8_t value)
read(uint8_t pin)
```

你可以在以下网址找到更多信息：https://github.com/ArduPilot/ ardupilot/blob/master/libraries/ AP_HAL/GPIO.h

清单 4-16   读写数字 GPIO

```
///////////////////////// DECLARATION /////////////////////////
//                 Here paste the header code
//                        See appendix

//    If needed add this library: GPIO.h

/////////////////// example code is placed here /////////////////

///////////////////////// INITIALIZATION /////////////////////////

void setup(){

// add the following lines, for pin numbers consult
// http://ardupilot.org/copter/docs/common-pixhawk-overview.html
// in this part pins 54 and 55 are started as output and input
// respectively

        hal.gpio->pinMode(54, HAL_GPIO_OUTPUT);
        hal.gpio->pinMode(55, HAL_GPIO_INPUT);
        hal.gpio->write(54, 0);

}
///////////////////////// EXECUTION /////////////////////////

// this program sends a logical 1 or 0 to port 54
// physically connected to the 55
// reading the pin 55 and writing a message
// if 1 or 0 was received

void loop(){
    hal.scheduler->delay(7000);
    hal.gpio->write(54, 1);

    if (hal.gpio->read(55))
        {hal.console->printf("A\t\n");}
    else
```

```
        {hal.console->printf("B\t\n");}
    hal.scheduler->delay(1000);
    hal.gpio->write(54, 0);

    if (hal.gpio->read(55))
        {hal.console->printf("A\t\n");}
    else
        {hal.console->printf("B\t\n");
}
AP_HAL_MAIN(); // Ardupilot function call
```

4.3.6   电池读数

❑ 组件：电池、电池监测器

❑ 说明：此命令允许用户从锂电池中读取平均电流和电压，以便以后在电池电量不足时
使用这些读数来激活警报或设计电池相关的控制器。参见清单 4-17。

清单 4-17 提供了一个电池读数示例。请注意以下几点：

❑ 语法为：

```
void read( );
```

你可以在以下网址找到更多信息：https://github.com/ArduPilot/ardupilot/blob/master/libraries/
AP_BattMonitor/AP_BattMonitor.h

清单 4-17   读取电池状态

```
///////////////////////// DECLARATION /////////////////////////
//              Paste the header here
//                  See appendix

///////////////////// place your code here /////////////////////

// verify those lines or add them
static AP_BattMonitor battery;
float volt, corriente_tot;

///////////////////////// INITIALIZATION /////////////////////////

void setup(){
// verify those lines or add them

battery.set_monitoring(0,AP_BattMonitor::BattMonitor_TYPE_
ANALOG_VOLTAGE_AND_CURRENT);
    battery.init();
}
///////////////////////// EXECUTION /////////////////////////

void loop(){
    Read_battery();
```

```
}
// auxiliar function definition
static void Read_battery(){

    battery.read();
    volt=battery.voltage();
    corriente_tot=battery.current_total_mah();
}

AP_HAL_MAIN(); // Ardupilot function call
```

实现提示　当电池电量降低时，应增加控制器增益，以使系统继续按预期运行。当然，这是出于安全考虑，直到必须停止为止。

切勿在低于平均电压水平使用锂电池（一般来说，最大充电电压为 4.2V 的锂电池不能在 3.7V 以下使用，但这可能因电池型号而异，因此请在数据表上检查该值）。这可能会损坏它们或意味着爆炸的风险。为了在不使用 Pixhawk 的情况下监测这些值，请使用外接监测器。

Pixhawk 使用至少三个电池（大约为 11.4V）。电流将取决于所用电机和车辆的极限负载。一般来说，如果电池提供更多的电流，电机将只接受必要的数量，它将持续更长的时间。另一方面，系统将更重。

为了操作充电器，请记住，它们通常作为两个不同的组件出售：电源和充电器本身。

4.3.7　通过主 LED 使用视觉警报

❑ 组件：Pixhawk 主 LED
❑ 说明：Pixhawk 板上装有 RGB 型 LED。它使我们能够使用视觉警报系统（用于启动任务、指示电池电量不足、指示哪个无人机在一组无人机中是领导者等）。实现方式也比较简单，参见清单 4-18。

清单 4-18 提供了一个车载 LED 的示例。请注意以下几点：

❑ 语法为：

```
toshiba_led.set_rgb(red, green, blue);
```

你可以在以下网址找到更多信息：https://github.com/ArduPilot/ardupilot/blob/master/libraries/AP_Notify/examples/ToshibaLED_test/ToshibaLED_test.cpp

清单 4-18　主 LED

```
//////////////////////// DECLARATION ////////////////////////
//              Paste here the header
//                  see appendix

//////////////////////// here is your code ////////////////////////

// add those lines or verify them
```

```
#define LED_DIM 0x11
static ToshibaLED_PX4 toshiba_led;

//////////////////////// INITIALIZATION ////////////////////////

void setup(){
// verify or add this line
    toshiba_led.init();
}
//////////////////////// EXECUTION ////////////////////////

void loop(){
    toshiba_led.set_rgb(0,LED_DIM,0);
}

AP_HAL_MAIN(); // Ardupilot function call
```

4.4　本章小结

在本章中，你学习了一些最重要的基本输入和输出操作：

❑ 如何读写串行终端

❑ 如何读取无线电控制

❑ 如何从模拟端口读取

❑ 如何使用数字 GPIO 端口

❑ 如何读取电池

❑ 如何使用车载主 LED

❑ 如何读取位置和方向信号以便以后进行控制

❑ 如何过滤那些通常有噪声的信号

在第 5 章中，你将使用 ArduPilot 库学习高级命令。具体来说，你将学习如何使用串行有线和无线通信、如何存储飞行数据以及时间管理的一般知识和如何使用不同种类的电机。

第 5 章
高 级 操 作

在本章中，你将探索一些高级 ArduPilot 主题。实际上，这是本书最有价值的部分之一，因为我们分解了更复杂的命令。我们还将介绍有线和无线 UART 串行通信、飞行数据存储、时间管理基础以及如何使用多种类型的电机。

5.1 有线和无线串行通信

- □ 组件：遥测发射器
- □ 说明：此设备允许通过串行 UART 设备进行有线或无线通信。
- □ 通过无线方式，此任务需要自动驾驶仪供电。这样，为了正常工作，你必须使用锂电池电源或其他比计算机 USB 端口更好的充足电源。
- □ 建议将遥测发射器与这种无线通信一起使用。但是，传输速度降低到 57 600 bps。
- □ 另一方面，使用有线形式时，速度仅受系统性能的限制。
- □ 连接：无线。用户必须将发射器连接到相应的端口。但是，它们必须共享同一频道。为此，必须执行以下过程：

1. 使用 miniUSB 端口将无线电设备连接到计算机。它应该自动安装。请注意在此步骤中分配了哪个 COM 端口。

2. 如果未获取此信息，则必须在 Windows 设备管理器的 "COM 端口" 部分中查找它。它应显示为 "USB 串行端口" 或类似名称。在图 5-1 中分配给 COM6。

3. 在 Mission Planner 中指示分配的端口号（在本示例中为 COM6），而无须单击 "连接" 按钮。然后将速度设置为 57 600（无线串行传输的标准速度）。请参见图 5-2。

4. 转到初始设置选项卡，然后选择可选硬件。请参见图 5-3。

5. 点击 SiK Radio（或旧版本的 3DRadio）。SiK 是无线串行遥测协议的通用名称。请参阅图 5-4。

6. 选择 "加载设置"。应加载所连接遥测无线电的预加载功能。如果你计划使频道与其他设备兼容，请打印屏幕并将其另存为图像，以供以后进行比较和调整。请参见图 5-5。

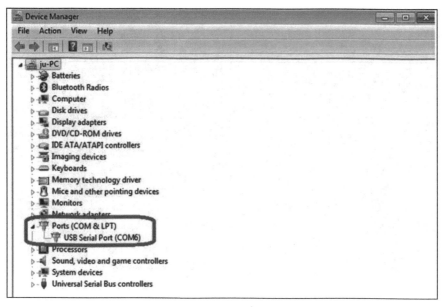

图 5-1 第 2 步：配置遥测设备

图 5-2 第 3 步：配置遥测设备

图 5-3 第 4 步：配置遥测设备

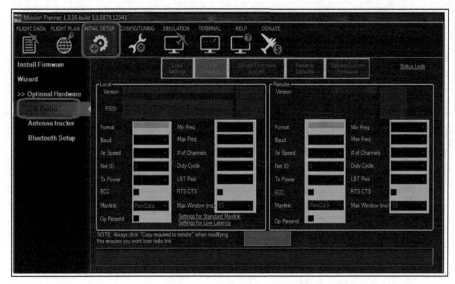

图 5-4 第 5 步：配置遥测设备

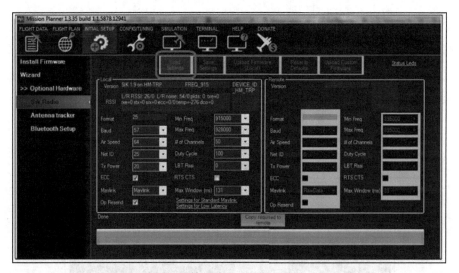

图 5-5 第 6 步：配置遥测设备

7. 对其他无线电重复该过程（在另一个示例中，分配了 COM7 ）。请参阅图 5-6。

8. 如果有必要更改其他参数，例如网络 ID（例如，三个或五个无线电共享一个特定的操作频道），请修改相应的框并按"保存设置"按钮进行保存。请参阅图 5-7。

建议仅更改网络 ID。若要修改其他参数，请参见 http://ardupilot.org/copter/docs/common-configuring-a-telemetry-radio-using-mission-planner.html。

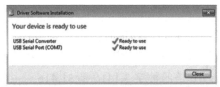

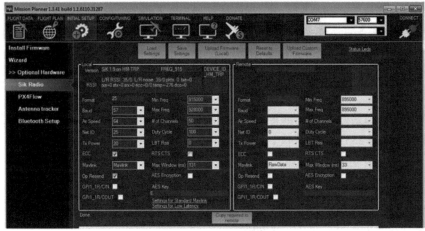

图 5-6 第 7 步：配置遥测设备

图 5-7 第 8 步：配置遥测设备

默认情况下，netID 被分配为 25，但假设许多用户使用相同的号码，也许你想要一个专用信道，因此必须将 25 修改为另一个号码。如果你以前使用过遥测无线电，并且已对其某些参数进行了更改以重置它们或更新某些地方不合法的传输参数，则此工具也很有用。

作为物理连接，你必须在设备之间共享接地（不一定是电源，除非发射器和接收器共享同一电池），并且 TX 和 RX 引脚（发送和接收）必须通过交叉线连接。

请记住，如果是无线传输，则必须使用 UARTC 端口，但如果是有线的，则必须使用 UARTD 端口。

5.2 通信程序

串行通信标准要求发送和接收 8 位数据包。为此，必须发送不超过 255 或不包含负数或小数的数据。这可以通过用位移法进行缩放以及取模和余数分量来完成。下一节将对此进行说明。

5.2.1 发送数据的过程

如果你要发送的数据包含一系列负值和正值：

1）使用强制转换（类型转换）进行缩放以消除小数。由于串行通信仅允许整数，因此缩放将影响精度。例如，缩放 10 倍的数字 3.1416 是 31.416，一旦应用了强制转换，它只有 31。同样的数字缩放 100 倍是 314.16，强制转换后，它是整数 314。

2）施加位移。为此，必须建立最大和最小限制以定义操作范围（请参见饱和函数）。例如，如果最小值为 −10.12，最大值为 10.78，则将它们缩放 100 倍并确定 [−1012, 1078] 的整数范围后，最小值的绝对值（即 1012）必须添加到每个限制中。这样，新的范围是 [0, 2090]。

3）获取模数和余数（上部和下部）。请记住，UART 串行通信仅支持 8 位的组，这是 256 个元素（从 0 到 255）的最大值。所以，如果你的范围超出此范围，则有必要将其分为模数和余数。为此，请使用以下操作：

a）模数：下一个除法的整数结果（值 /256）。

b）余数：下一个除法的余数部分（值 /256）。

该模数称为高位，剩余部分称为低位。

例如，如果值为 2090，

❏ 模数（2090/256）=8。请参见图 5-8。

❏ 余数（2090/256）=42。请参见图 5-9。

这样，发送的号码对应于以下重构：

```
VALUE = MODULE * (256) + RESIDUE
2090 = (8 * 256) + 42
```

由于二进制位组以二进制值操作，这些模数和余数操作的二进制等效项是移位操作（在 C++ 中为 >>）和 AND 掩码（在 C++ 中为 &）。

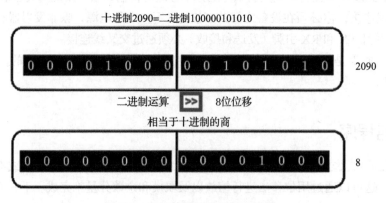

图 5-8　发送数据的分片数、模数

选择值 8 作为移位, 因为 2 的第八次方等于 256。

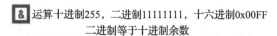
& 运算十进制255, 二进制11111111, 十六进制0x00FF
二进制等于十进制余数

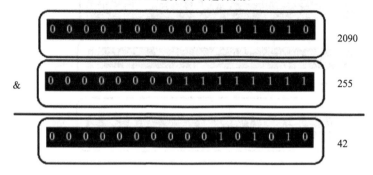

图 5-9 发送数据的分片数、余数

选择值 255 是因为它是可以用 8 位构成的最大数字。从而,

```
HIGH part = MODULE = binary value >> 8
LOW part = RESIDUE = binary value & 0x00FF
```

可以看出, 由于简化了操作和处理时间, 所以我们更喜欢直接使用二进制代码。

4 High and low part reconstruction

对于重构, 将使用运算符 <<8 和 | (在 C ++ 中为 OR), 如下所示:

```
Decimal value = MODULE * (256) + RESIDUE
Binary value = (Binary HIGH part << 8) | Binary LOW part
```

按照前面的示例, 请参见图 5-10。

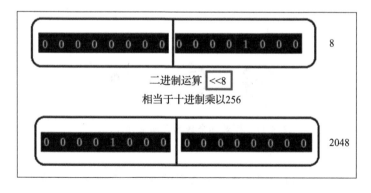

图 5-10 数据的接收过程与回顾

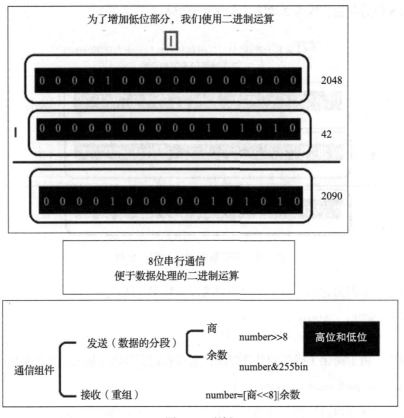

图 5-10　（续）

实现提示　如果要发送的数据仅位于正值范围内，则仅执行步骤 1 和 3。省略步骤 2。

可以通过圆周更好地理解模数和余数的概念。810 度的角度仅是两个 360 度转角（模数）和 90 度的剩余量（余数）。请参阅图 5-11。

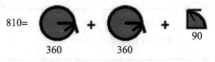

图 5-11　模数和余数的几何解释

实现提示　请再次阅读专门介绍特殊数据类型的部分，记住为什么使用 uint_8 变量类型。

在读取或写入 UART 之后始终清除值。这样可以避免发送或读取垃圾值或累积值。

5.2.2　数据验证过程

仅读取或发送数据是不够的。你还应该尝试验证该数据。为此，我们将教你两个非常基本但很有用的方法，称为 checksum 和 XOR checksum。要注意的是，请记住它们不是纠正方法，只是避免接收不正确的数据。

5.2.3　基本"校验和"方法的描述

1. **发送**：由于数据是按顺序发送的 8 位整数的集合，因此在发送它们时，可以方便地发送至少一个额外的字节（8 位集合），其中包含感兴趣数据的总和。

```
Data1 = 100
Data2 = 15
CheckSend = 115
```

2. **接收**：在这种情况下，必须通过生成接收校验和来添加接收到的数据，该校验和必须与发送的 checksum 相匹配。

```
Received1 = 100
Received2 = 15
Received3 = 115
CheckReceived = Received1 + Received2 = 115
Since Received3 = CheckReceived, sent data are
accepted.
```

但是，假设 Data1 在发送过程中已损坏，将得到以下信息：

```
Received1 = 90
Received2 = 15
Received3 = 115
CheckReceived = Received1 + Received2 = 105
```

在这种情况下，由于 Received3 与 CheckReceived 不同，因此传输数据将被拒绝或再次请求。

此方法有一个问题。它可能溢出并需要发送两个部分（高和低），或发送多个 checksum。请记住，checksum 只能达到最大值 255。

```
Data1 = 200
Data2 = 300
CheckSend = 500
```

这样，checksum 无法直接发送，必须分段。

5.2.4　XOR "校验和"方法的描述

XOR 类型校验和是一种改进方法，它使用"逻辑二进制和"代替了标准和。但它的问题是可能发生歧义。

为此，请使用 XOR 函数的真值表。

输入		输出
X	Y	X (xor) Y
0	0	0
0	1	1
1	0	1
1	1	0

例如，你要传输值 10 011。你将获得奇偶校验

1 (xor) 0 (xor) 0 (xor) 1 (xor) 1 = 1

在发送中包含奇偶校验：

100 111

在接收器中，执行

1 (xor) 0 (xor) 0 (xor) 1 (xor) 1 = 1

你可以将其与收到的最后一个元素（在本例中为要读取的第六个元素）进行比较。由于它们是重合的，所以接收很成功。

现在想象一下，信息已损坏，你会得到

110111
1 (xor) 1 (xor) 0 (xor) 1 (xor) 1 = 0

由于此值不同于等于 1 的校验和，因此将丢弃或再次请求接收的元素。

该方法存在两个问题。首先，数据看起来似乎是正确的，尽管它不是。例如，如果你得到

010111
0 (xor) 1 (xor) 0 (xor) 1 (xor) 1 = 1

这显然是错误的，但是由于它产生相同的校验和，因此被认为是有效数据。第二个问题是，相同的 checksum 可能会到达错误的地方，从而接收错误的信息。所以，你不会收到 100111，而是得到 100110。尽管信息正确到达，但校验和本身会丢弃发送的数据。[⊖]

总而言之，如果接收方的校验和与发送方的校验和相匹配，则可以说它们是"有效"数据，或者至少是可用数据。尽管有更复杂的方法来执行此验证，但我们提供了两种最简单的方法。就我们的目的而言，可以认为一个成功的校验和可以恢复至少 50% 的发送数据。

⊖　你可以在此网址查询到更多信息 https://en.wikipedia.org/wiki/ Parity_bit

5.3　轮询

到目前为止，你已知道如何读写串行数据，以及如何验证发送的完整性（至少是以一种非常基本的方式）。但是，知道何时需要读取和何时需要写入也很方便（就像你知道什么时候该说话什么时候该听谈话一样）。请注意，仅当所有设备都能够发送和接收数据时（与大多数无线 Pixhawk 无线电设备一样），此方法才有效。

为此，你将使用一种简单的轮询方法，在该方法中，通信系统的成员发出转向信号，以指示它们何时应该是发射器以及何时应该是接收器。该方法遵循此过程（注意，此算法在不同的通信拓扑中可能有所不同，并且仅为便于理解和应用而说明）：

1）所有设备同时写入和读取，寻找一个特殊值（字母或数字）。此特殊值将指示是谁开始转向（例如，一组三个发射器和接收器，每个发射器发送数字 1、2 和 3）。

2）当检测到该序列初始值设定项（例如，数字 1）时，只有相应的设备可以写入，其余的则专用于读取。该设备写入后，定序器将更改为数字 2。

3）当读取了相应的设备并将定序器更改为 2 时，现在只有设备 2 可以发送数据，而其他设备必须读取。写入设备 2 后，定序器必须更改为数字 3。

4）现在，只有设备 3 可以写入数据，而其他设备则必须读取。一旦写入完成，定序器将被发送到 1 号，循环将被重复。

没有校验和或轮询的传输和接收代码

清单 5-1 提供了有线或无线 UART 串行通信的示例。请注意以下几点：

❑ 语法为：

```
uartC->available( )
uint8_t  uartC->read( )
uartD->available( )
uint8_t  uartD->read( )
```

你可以在下列网站找到更多信息：

```
http://ardupilot.org/dev/docs/learning-ardupilot-
uarts-and-the-console.html
https://github.com/ArduPilot/ardupilot/blob/master/
libraries/AP_HAL/examples/UART_test/UART_test.cpp
```

清单 5-1　UART 通信，无线和有线接收器

```
/////////////////////// DECLARATION ///////////////////////
//            Paste the header here
//                see appendix

/////////////////////// place your code here ///////////////////////

// verify or add this line
```

```
uint8_t _bufferrx[4]; // 4 values are readed
////////////////////////// INITIALIZATION //////////////////////////
void setup(){
        hal.uartC->begin(57600); // verify or add this line
                               // remember, C = Telem 1
                               // or wireless
                               // also 57600 is maximum
                               // wireless speed
}
////////////////////////// EXECUTION //////////////////////////

void loop(){

    uint8_t i=0;
    // read if the port is available
    if(hal.uartC->available()){
        while(hal.uartC->available() && i<4)
            {
                _bufferrx[i]=hal.uartC->read();
                i=i+1;
            }
    }
    // data elements 1 and 2 are high and low parts of a bigger value
    // the operator + and |  are interchangeable in this case
    int constru=(_bufferrx[1]<<8) + (_bufferrx[2]);
    hal.console->printf("%d \n",constru);

// after each reading, the value of the buffers must be reset
// or keep the previous one according to the user
    _bufferrx[0]=0;
    _bufferrx[1]=0;
    _bufferrx[2]=0;
    _bufferrx[3]=0;
}

AP_HAL_MAIN(); // Ardupilot function call
```

清单 5-2 串行 UART 通信，无线和有线发射器

```
////////////////////////// DECLARATION //////////////////////////
//              Paste the header here
//              See appendix

////////////////////// place your code here //////////////////////

// verify or add this line
uint8_t _buffertx[4]; // 4 values are sent

////////////////////////// INITIALIZATION //////////////////////////

void setup(){
        hal.uartC->begin(57600); // verify this line or add it
                               // remember, C = Telem 1
                               // or wireless
```

```
                            // 57600 is the full Wireless
                            // speed
}
///////////////////////// EXECUTION /////////////////////////

void loop(){

    int envi1=2099; // value to be sent, it must be partitioned
    _buffertx[0]=5;
    _buffertx[1]=envi1>>8;        //high part to send
    _buffertx[2]=envi1 & 0x00FF; // low part to send
    _buffertx[3]=2;

    hal.uartC->write(_buffertx,4);  // send all data

// after each writing, the value of the buffers must be reset

    _buffertx[0]=0;
    _buffertx[1]=0;
    _buffertx[2]=0;
    _buffertx[3]=0;
}

AP_HAL_MAIN(); // Ardupilot function call
```

清单 5-1 和 5-2 不按任何顺序发送和接收数据，并且可以在此过程中存储错误的数据。清单 5-3 和 5-4 显示了基本 XOR 类型校验和的改进。

传输和接收代码有 XOR 校验和但没有轮询

清单 5-3　串行 UART 通信，无线和有线发射器

```
///////////////////////// DECLARATION /////////////////////////
//              Paste the header here
//                    See appendix

///////////////////// place your code here /////////////////////

// verify or add this line

uint8_t _buffertx[4];

///////////////////////// INITIALIZATION /////////////////////////

void setup(){
        hal.uartC->begin(57600); // verify this line or add it
                            // remember,  C = Telem 1
                            // or wireless
                            // 57600 is the full Wireless
                            // speed
}
///////////////////////// EXECUTION /////////////////////////

void loop(){
```

```
        int envi1=2099;
        _buffertx[0]=5;
        _buffertx[1]=envi1>>8;          //high part to send
        _buffertx[2]=envi1 & 0x00FF; // low part to send

// note that the cheksum is only generated with the bits of
// interest they can be all except the same cheksum, or
// selective as in this case the bits 1 and 2 because they
// represent the high and low part of a more relevant data
        _buffertx[3]= _buffertx[1]^_buffertx[2];

        hal.uartC->write(_buffertx,4);

// after each writing, the value of the buffers must be reset
        _buffertx[0]=0;
        _buffertx[1]=0;
        _buffertx[2]=0;
        _buffertx[3]=0;
}

AP_HAL_MAIN();// Ardupilot function call
```

清单 5-4　串行 UART 通信，无线和有线接收器

```
//////////////////////// DECLARATION ////////////////////////
//              Paste the header here
//                      See appendix

//////////////////// place your code here ////////////////////

// verify or add this line

uint8_t _bufferrx[4];
//////////////////////// INITIALIZATION ////////////////////////

void setup(){
      hal.uartC->begin(57600); // verify this line or add it
                               // remember,  C = Telem 1
                               // or wireless
                               // 57600 is the full Wireless
                               // speed
}
//////////////////////// EXECUTION ////////////////////////

void loop(){
    int constru=0;
    uint8_t i=0;
    unsigned char checks = 0;
// char is equivalent to uint_8 this variable will contain the
// read checksum

    if(hal.uartC->available()){
       while(hal.uartC->available() &&  i<4)
          {
              _bufferrx[i]=hal.uartC->read();
```

```
                i=i+1;
            }
    }
// the checksum is generated with the data read by the receiver
    checks=_bufferrx[1]^_bufferrx[2];

// now is compared with the one coming from the transmitter and
// only in case they match the data is accepted

    if(checks==_bufferrx[3])
    {

    // data reconsruction
    // the operator + and | they are interchangeable in this case
        constru=(_bufferrx[1]<<8) + (_bufferrx[2]);
    }

// if they are not the same, we proceed to anything except
// receiving it, in this case for simplicity, we just assign zero

    else
    {
        constru=0;
    }
    hal.console->printf("%d \n",constru);

// after each reading, the value of the buffers must be reset
// or keep the previous one according to the user
    _bufferrx[0]=0;
    _bufferrx[1]=0;
    _bufferrx[2]=0;
    _bufferrx[3]=0;
}

AP_HAL_MAIN(); // Ardupilot function call
```

现在，我们将介绍基于权限的轮询方法，以确定何时读取和何时写入，因为之前的模式仅在有可用性的情况下才不明显地写入或读取。在此示例中，请注意，两个设备可以交替但不能同时作为发射器和接收器。按照前面段落中描述的逻辑，可以扩展到两个以上的设备。参见清单 5-5 和 5-6。

对于设备 1

清单 5-5　无线和有线串行 UART 通信

```
///////////////////////// DECLARATION /////////////////////////
//              Paste the header here
//                    See appendix

///////////////////// place your code here ////////////////////

// verify or add those lines
```

```
uint8_t _buffertx[4];
uint8_t _bufferrx[4];
int permit=1; // one of the devices starts as a writer

////////////////////////// INITIALIZATION //////////////////////////

void setup(){
        hal.uartC->begin(57600);
}
////////////////////////// EXECUTION //////////////////////////

void loop(){

  if(permit==1)
  {
    writeSerial();
    permit=2;  // once device1 has written, it begins to read
  }

  else
  {
    readSerial();
  }

}
//           auxiliar functions
static void writeSerial(){

    int envi1=2099;
    _buffertx[0]=2; // sending its turn to device 2
    _buffertx[1]=envi1>>8;
    _buffertx[2]=envi1 & 0x00FF;
    _buffertx[3]= _buffertx[1]^_buffertx[2];
    hal.uartC->write(_buffertx,4);

    _buffertx[0]=0;
    _buffertx[1]=0;
    _buffertx[2]=0;
    _buffertx[3]=0;
}

static void readSerial(){
    int constru=0;
    uint8_t i=0;
    unsigned char checks = 0;

    if(hal.uartC->available()){
        while(hal.uartC->available() &&  i<4)
            {
                _bufferrx[i]=hal.uartC->read();
                i=i+1;
            }
    }

    checks=_bufferrx[1]^_bufferrx[2];
    if(checks==_bufferrx[3])
```

```
{
    constru=(_bufferrx[1]<<8) + (_bufferrx[2]);
}
else
{
    constru=0;
}
hal.console->printf("%d \n",constru);
permit=_bufferrx[0]; // in this line the permission to write
                     // is retaken
_bufferrx[0]=0;
_bufferrx[1]=0;
_bufferrx[2]=0;
_bufferrx[3]=0;

}

AP_HAL_MAIN(); // Ardupiot function call
```

对于设备 2

清单 5-6　无线和有线串行 UART 通信

```
///////////////////////// DECLARATION /////////////////////////
//              Paste the header here
//                   See appendix

///////////////////// place your code here /////////////////////

// verify or add those lines

uint8_t _buffertx[4];
uint8_t _bufferrx[4];
int permit=0; // the other device starts as a reader

/////////////////////// INITIALIZATION /////////////////////////

void setup(){
      hal.uartC->begin(57600);
}
//////////////////////// EXECUTION /////////////////////////////

void loop(){

  if(permit==2)
  {
    writeSerial();
    permit=1; // once device2 has written, it begins to read
  }
  else
  {
    readSerial();
```

```
    }

}
//          auxiliar functions
static void writeSerial(){
    int envi1=1099;
    _buffertx[0]=1; // sending its turn to device 2
    _buffertx[1]=envi1>>8;
    _buffertx[2]=envi1 & 0x00FF;
    _buffertx[3]= _buffertx[1]^_buffertx[2];
    hal.uartC->write(_buffertx,4);

    _buffertx[0]=0;
    _buffertx[1]=0;
    _buffertx[2]=0;
    _buffertx[3]=0;
}

static void leeSerial(){
    int constru=0;
    uint8_t i=0;
    unsigned char checks = 0;
    if(hal.uartC->available()){
        while(hal.uartC->available() &&  i<4)
            {
                _bufferrx[i]=hal.uartC->read();
                i=i+1;
            }
    }

    checks=_bufferrx[1]^_bufferrx[2];
    if(checks==_bufferrx[3])
    {
        constru=(_bufferrx[1]<<8) + (_bufferrx[2]);
    }

    else
    {
        constru=0;
    }
    hal.console->printf("%d \n",constru);
    permit=_bufferrx[0];  // in this line the permission to
                          // write is retaken

    _bufferrx[0]=0;
    _bufferrx[1]=0;
    _bufferrx[2]=0;
    _bufferrx[3]=0;

}

AP_HAL_MAIN(); // Ardupilot function call
```

请注意，对于已发送的附加数据，接收器必须验证其有效性，以决定是否继续读取或更改任务。该技术对于多车辆之间的通信特别有用。它的目的是按照一定的顺序（就像一群人中的每个成员都应该说话和倾听一样）来决定哪一个发出，哪一个接收。请注意，此过程的最大缺点是，如果传输丢失或改变了转向数据，则可能会出现问题。为了减少这种可能性，可以方便地将轮询数据包含到校验和算法中。

实现提示 此过程可以根据需要使用任意数量的无线设备来执行。理论上的极限是无限设备和虚拟 128。但是，至少有十二个设备可以正常工作。此外，切勿在没有锂电池或外部电源的情况下使用无线发射器。请记住，无线传输需要电能，如果功率不满足，则会导致不良接收和发送。

5.4 通过串行通信和开发板从外部设备读取信息

本节介绍如何使用与 Pixhawk 自动驾驶仪不兼容但与其他开发板兼容的外部传感器，或者说如何使 Pixhawk 处理器摆脱不必要的负载并允许其他设备来处理它。例如，假设树莓派通过人工视觉处理对象定位过程，然后将该对象的位置专门发送给 Pixhawk。第二个示例是通过外部对象监测模块（通过 WiFi 或蓝牙）将位置传输给 Pixhawk。

为此，Pixhawk 代码可以是有线或无线串行读取，而在要使用的辅助卡或设备中，你必须编写串行写入代码。例如，如果你使用 Arduino，则可以使用 `Serial.write()` 命令发送数据。请记住，每个开发板或可编程设备都有自己的命令。对于清单 5-7 和 5-8 中的示例，我们使用了 Arduino，你可以选择其他你要使用的设备。

清单 5-7 Pixhawk 的接收器代码

```
//////////////////////////// DECLARATION /////////////////////////
//              Paste header code here
//                    See apendix

//////////////////// place your code here //////////////////////

// verify or add this line
uint8_t _bufferrx[4];

//////////////////////// INITIALIZATION ////////////////////////

void setup(){
      hal.uartC->begin(57600);
}

//////////////////////// EXECUTION ////////////////////////////

void loop(){

    uint8_t i=0;
```

```
if(hal.uartC->available()){
    while(hal.uartC->available() && i<4)
        {
            _bufferrx[i]=hal.uartC->read();
            i=i+1;
        }
}
int constru=(_bufferrx[1]<<8) + (_bufferrx[2]);
hal.console->printf("%d \n",constru);

_bufferrx[0]=0;
_bufferrx[1]=0;
_bufferrx[2]=0;
_bufferrx[3]=0;
}

AP_HAL_MAIN(); // Ardupilot function call
```

清单 5-8　Arduino 的发射器代码

```
byte datos[4];
unsigned int envi1;

void setup() {
    Serial.begin(57600);
}

void loop() {
    datos[0]='R';
    envi1=2099;
    datos[1]=envi1>>8;
    datos[2]=envi1 & 0xFF;
    datos[3]=datos[1]^datos[2]^datos[3]^datos[4];

    if (Serial.available())
    {
        Serial.write(datos,4);
        datos[0]=0;
        datos[1]=0;
        datos[2]=0;
        datos[3]=0;

    }

}
```

为简化起见，我们省略了轮询和校验和的过程。你应该能够使用前面提到的代码添加它们。

现在，查看图 5-12 中的连接图。请注意，RX 和 TX 引脚交叉。另外，请注意，假定辅助设备有自己的电源。但是，共享接地引脚非常重要。

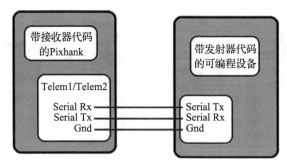

图 5-12　与开发板接口

有关相应引脚的信息，请访问 http://ardupilot.org/copter/docs/common-pixhawk-overview. html。

5.5　写入无刷电机（BLDC 电机）

知道如何使用电机并不能保证你能够使用自己的车辆。为此，必须完成以下步骤：

1）**电机的使用**：本节将对此进行说明。

2）**控制调优**：尽管本书的后续章节将介绍该主题的基础，但是适当的调优将取决于你的项目。

3）**分配矩阵的定义**：正如在步骤 1 和步骤 2 中直接传达的（本书的其他部分介绍了它的基础），取决于你的项目进行适当的选择。

组件：无刷直流电机、ESC、电源分配器、电池或电源、螺旋桨、电池监测器、子弹型连接器、硅电缆、电池连接器、电池充电器、BEC

说明：该命令允许你将值写入电机，以便确定电机的速度，并间接确定其推力和转矩。

在不使用 Pixhawk 的情况下进行无刷电机测试：为了确保你的电机正常工作，除了正确焊接其引脚（如本节的实现提示中所述）外，还必须验证其正确的机动性和过热。为此，我们建议执行以下步骤。

设备：

❑ Arduino（任何能够产生 PWM 输出的模型）

❑ 无刷电机正确焊接了相应的 ESC

❑ 用跳线将 Arduino 连接至 ESC

❑ 满足 ESC 需求充足的锂电池或直流电源

过程：

1）如图所示连接。确保接地正确连接。请参阅图 5-13。

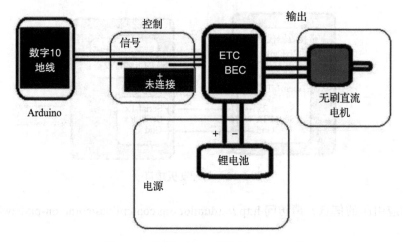

图 5-13 使用 Arduino 测试 BLDC 电机

2）编译清单 5-9 中的代码并将其加载到 Arduino 中。

清单 5-9 从 Arduino 写入 BLDC 或伺服器

```
///////

// by transductor in www.robologs.net

#include<Servo.h>  // library for RC type PWM

Servo ESC; //Servo object invocation

int vel = 1000; //initial pulse leng       th

void setup()
{
  //to assign a pin to the ESC object
  ESC.attach(10);
  //To write the initial value at zero
  ESC.writeMicroseconds(1000);
  delay(5000);

  //begin  serial port console
  Serial.begin(9600);
  Serial.setTimeout(10);
}

void loop()
{
  if(Serial.available() >= 1)
  {
    vel = Serial.parseInt(); //to read an integer, be sure that
                        //it has 1000-2000 values
    if(vel != 0)
```

```
    {
      ESC.writeMicroseconds(vel); //write previous data to ESC
                                  //and BLDC
      //delay(2);
    }
  }
}
```

3）给系统通电。握住无刷电机或将其固定在不会损坏电机或你自己的位置。请勿在本测试中使用螺旋桨。

4）仅看到电机的转动是不够的。在高速测试后，检查电机是否过热。如果是这样，由于焊接不良，最终电机将烧毁。重复焊接，然后重试。

5）将电机固定在结构上，然后用螺旋桨进行测试。注意：这是你的责任。始终确保系统以零 PWM 值启动，以免造成伤害。

快速测试完成后，继续使用库。请注意，该操作看起来非常相似。参见清单 5-10。

清单 5-10 提供了 BLDC 编写的示例。请注意以下几点：

❏ 语法为：

```
write(uint8_t channel, uint16_t microseconds period)
```

你可以在此网址找到更多信息：https://github.com/ArduPilot/ardupilot/blob/master/libraries/AP_HAL/RCOutput.h

清单 5-10　写入 BLDC 电机

```
//////////////////////// DECLARATION ////////////////////////
//              Paste the header here
//                  See appendix

//////////////////// place your code here ////////////////////

//////////////////////// INITIALIZATION ////////////////////////

void setup(){

// add the following lines to the setup, they register the
// channels to be controlled this line sets the BLDC frequency
// of the first 4 channels
    hal.rcout->set_freq( 15, 490); //0xFF  0x0F->b'00001111'
// the following lines enable each of the first 4 channels
    hal.rcout->enable_ch(0);
    hal.rcout->enable_ch(1);
    hal.rcout->enable_ch(2);
    hal.rcout->enable_ch(3);
// since we will only use the first channel for this example,
// we write a ZERO on it (this value may vary for other engines,
// see datasheets)
```

```
    hal.rcout->write(0,900);
}
/////////////////////////// EXECUTION ///////////////////////////

void loop(){
// now just write and update, note that if a pause is not added
// your motor could be not // work or in extreme case it will
// burn HERE is written a sequence to engine 1 (numbered 0
// by convention)
    hal.rcout->write(0,900);
    hal.scheduler->delay(500);
    hal.rcout->write(0,1500);
    hal.scheduler->delay(100);
    hal.rcout->write(0,1700);
    hal.scheduler->delay(500);
}

AP_HAL_MAIN(); // Ardupilot function call
```

实现提示

❑ 请记住，无刷电机是三相类型的电机。因此，为了将它们与 Pixhawk（控制输出为单相）相连接，必须使用称为 ESC 的转换器，该转换器接收控制输入并返回其三相等效输出。

❑ ESC 有两种类型：光耦合型和标准型。当使用光耦合 ESC 时，使用允许激励其控制信号的 BEC 也很方便。

❑ 要操作多转子，必须有分配器，该分配器允许将至少四个电机连接到系统的主电池。

❑ 以固定的方式反转旋转方向（这意味着某些电机只能左转而其他电机只能右转），就足以通过 ESC 的极限电缆。同样，也有一些方法可以对 ESC 进行编程，使其具有双向旋转（只要 ESC 具有双向模式操作）。

❑ 用户必须确认电机清洁。杂物会进入电机并影响其性能。特别要注意带有金属粉末的区域，因为电机带有磁铁，很可能会影响机械性能和电气完整性。在这种情况下，应尽量保持工作区的清洁。

❑ 焊接连接器：有时 ESC 不带连接器。此外，电池的连接器与 Pixhawk 的电源模块不兼容。在这种情况下，请关注在线资源。网上有很多教程。搜索"如何焊接子弹头连接器"或"如何焊接 XT60 连接器"等。

❑ 危险：请勿尝试使用任何其他类型的电缆。那些专为电池、电机和 ESC 设计的电池可抵抗高电流。它们基于 AWG 标准并具有特殊涂层。使用任何其他类型的电缆都会对设备和用户造成电气风险。

❑ 危险：在正确测试电机之前，请勿使用螺旋桨。否则，你可能会割伤身体、致残或严重伤害其他生物和建筑物。但是，建议不要长时间空载测试电机。这可以通过放置纸张代替螺旋桨来解决。它还有助于识别每个电机的旋转方向，并确定明显的振动或发热的位置。

☐ 螺旋桨可以有两个以上的叶片。这意味着可以改善推力，但随之而来的是飞行时间和电机耐久性的降低。

☐ 尽管有高阻力螺旋桨，但冲击力仍会传递到电机上。因此，要知道对你的应用更重要的是：电机或螺旋桨。

☐ 由于执行代码的时间很短，可以方便地设置较短的延迟时间，以使电机有时间做出反应并防止由于电气操作的突然变化而使它们过热。对于实时模式，这不是必需的（它将是隐式的）。

☐ 始终正确拧紧螺旋桨，因为与电机速度成正比的电机推力和扭转力会导致它们脱落。

☐ 如有可能，请始终使用电池监测器。

☐ 请记住，BLDC 电机通常不会改变旋转方向。要操作自动驾驶飞机，我们使用了一组具有预定旋转方向的电机。一些 ESC 串联连接，而另一些则必须交叉。这样，串联连接的连接器将朝一个方向旋转，而交叉的连接器将向相反方向旋转。

☐ 无人机飞行时，不会直接控制每台电机的速度，但无人机的位姿（其位置和方向）将由每台电机的速度间接控制。

☐ 选择非光耦合的 ESC，否则请使用 BEC 正确操作。

☐ 如果要更改无刷电机的方向（例如，小车有前进和后退的操作），请使用可逆 ESC。

可以对可逆 ESC 进行校准，以使其工作范围（通常从 1000 到 2000）具有中性点。这样，最大左速度达到 1000，中性点或静止不动在 1500 处，最大右速度在 2000 处实现。注意，最大可达的速度已被分割，但是现在有了旋转方向可变的电机。

无线电控制电机校准：其目的是使无线电控制与正在使用的电机兼容。使用清单 5-11 中的代码，你还可以了解 RC 输入和 RC 输出之间的区别。

清单 5-11　通过无线电输入写入 BLDC 电机

```
//////////////////////// DECLARATION ////////////////////////
//              Paste the header here
//                  See appendix

//////////////////// place your code here ////////////////////

// verify or add those lines
int radio_roll, radio_pitch, radio_yaw, radio_throttle, aux_1,
aux_2;
uint16_t radio[6]; // the radio in this example has 6 channels
uint32_t time, timemod;
//////////////////////// INITIALIZATION ////////////////////////

void setup(){
```

```
// add the following lines to the setup, they register the
// channels to be controlled this line sets the BLDC frequency
// of the first 4 channels

    hal.rcout->set_freq( 15, 490); //0xFF  0x0F->b'00001111'

// the following lines enable each of the first 4 channels
    hal.rcout->enable_ch(0);
    hal.rcout->enable_ch(1);
    hal.rcout->enable_ch(2);
    hal.rcout->enable_ch(3);

// since we will only use the first channel for this example,
// we write a ZERO on it (this value may vary for other engines,
// see datasheets)
    hal.rcout->write(0,900);
}

//////////////////////// EXECUTION ////////////////////////

void loop(){

    time=hal.scheduler->micros();

// modulation to write every 3.5 milliseconds if you have
// servomotors, for BLDC motors this operation can be omitted
// and simply send directly the radio input to the motor

    timemod=time%3500;

// read radio channels
    for (uint8_t i = 0; i <6; i++)
    {radio[i] = hal.rcin->read(i);}
// using throttle channel to test an engine
    radio_throttle = radio[2];

// write the radio signal to the chosen motor according to the
// selected time base
    if(timemod==0)
    {
    hal.rcout->write(0,radio_throttle);

// it is possible that in some pixhawk models the value to be
// written to the motor must be converted in this way
// hal.rcout-> write (0, uint16_t (radio_throttle));
    }
}

AP_HAL_MAIN(); // Ardupilot function call
```

键盘电机校准：清单 5-12 非常有用，因为它是为手动找到无刷电机的最小启动值而设计的。这是通过使用三个增量键和三个减量键执行的，其中速度的增加和减少以数百、数十和个位数的范围发送。这样，用户可以找到电机的起始值，这对控制器的设计很有用，这将在后面看到。

清单 5-12 使用键盘校准 BLDC 电机

```
/////////////////////// DECLARATION ///////////////////////
//                  Paste the header here
//                      See appendix

//////////////////// place your code here ////////////////////

// add these lines

char readk;
// value to increase or decrease, and to be sent to the
// selected motors
int incr=0;

/////////////////////// INITIALIZATION ///////////////////////

void setup(){

    hal.rcout->set_freq( 15, 490); //0xFF  0x0F->b'00001111'

    hal.rcout->enable_ch(0);
    hal.rcout->enable_ch(1);
    hal.rcout->enable_ch(2);
    hal.rcout->enable_ch(3);

    hal.rcout->write(0,900);
}

/////////////////////// EXECUTION ///////////////////////

void loop(){
    readboard();
}

//           auxiliar functions

static void readboard(){
    readk= hal.console->read();

// q increases from 100 in 100 w of 10 in 10 and e of 1 in 1
// a reduces from 100 in 100 s to 10 in 10 and d to 1 in 1
// it is possible that in some pixhawk models the value to be
// written to the motor must be converted in this way
// hal.rcout-> write (0, uint16_t (incr));
if (readk=='q')
 {
    incr=incr+100;
    hal.rcout->write(0,incr);
    hal.scheduler->delay(200);
 }
```

```
if (readk=='w')
{
    incr=incr+10;
    hal.rcout->write(0,incr);
    hal.scheduler->delay(200);
}

if (readk=='e')
{
    incr=incr+1;
    hal.rcout->write(0,incr);
    hal.scheduler->delay(200);
}

if (readk=='a')
{
    incr=incr-100;
    hal.rcout->write(0,incr);
    hal.scheduler->delay(200);
}

if (readk=='s')
{
    incr=incr-10;
    hal.rcout->write(0,incr);
    hal.scheduler->delay(200);
}
    if (readk=='d')
    {
        incr=incr-1;
        hal.rcout->write(0,incr);
        hal.scheduler->delay(200);
    }
}
AP_HAL_MAIN(); // Ardupilot function call
```

5.5.1   代码优化

尽管本节可以放在前面的章节中，但出于实用性考虑，我们还是决定将其合并到这里，并将其链接到最后一节中，因为这有助于改善写入电机的代码。

5.5.2   写入电机的简化函数

你可能已经注意到，重复编写电机代码是一个乏味的过程（不过，在本书中出于教学目的，我们将保持这种形式）。因此，下面是写入电机代码的一种缩写方式。

请注意，第一个优化只是通过从 `if` 比较器中删除 write-to-motors 命令来改进代码，在所有比较器的末尾仅保留一个 write-to-motors 命令。此优化与以下内容无关，但它是说明性的。参见清单 5-13。

清单 5-13　使用键盘校准 BLDC 电机，首先进行优化

```
///////////////////////// DECLARATION //////////////////////////
//              Paste the header here
//                  See appendix

///////////////////// place your code here ////////////////////
// add these lines

char readk;
// value to increase or decrease, and to be sent to the
// selected motors
int incr=0;

///////////////////////// INITIALIZATION ///////////////////////
void setup(){

    hal.rcout->set_freq( 15, 490); //0xFF  0x0F->b'00001111'

    hal.rcout->enable_ch(0);
    hal.rcout->enable_ch(1);
    hal.rcout->enable_ch(2);
    hal.rcout->enable_ch(3);

    hal.rcout->write(0,900);
}

/////////////////////////// EXECUTION //////////////////////////
void loop(){
    readboard();
}
//            auxiliar functions

static void readboard(){
    readk= hal.console->read();

// q increases from 100 in 100 w of 10 in 10 and e of 1 in 1
// a reduces from 100 in 100 s to 10 in 10 and d to 1 in 1
// it is possible that in some pixhawk models the value to be
// written to the motor must be converted in this way
// hal.rcout-> write (0, uint16_t (incr));

    if (readk=='q')
    {
        incr=incr+100;
    }
```

```
    if (readk=='w')
    {
        incr=incr+10;
    }

    if (readk=='e')
    {
        incr=incr+1;
    }

    if (readk=='a')
    {
        incr=incr-100;
    }

    if (readk=='s')
    {
        incr=incr-10;
    }
    if (readk=='d')
    {
        incr=incr-1;
    }

    hal.rcout->write(0,incr);
    hal.scheduler->delay(200);

}

AP_HAL_MAIN(); // Ardupilot function call
```

现在，让我们编写第二个优化代码以改进编写过程。假设你有两个电机。该代码必须更新如下：

```
hal.rcout->write(0,incr);
hal.rcout->write(1,incr);
hal.scheduler->delay(200);
```

如果你有十个电机，并且还必须在不同的过程中更新它们的写入代码，将会发生什么？请注意，你需要一个有助于电机写入的函数。清单 5-14 中显示了该函数。

清单 5-14　用键盘校准 BLDC 电机，二次优化

```
//////////////////////// DECLARATION ////////////////////////
//                  Paste the header here
//                      See appendix

/////////////////// place your code here ////////////////////

// add these lines
char readk;
```

```
// value to increase or decrease, and to be sent to the
// selected motors
int incr=0;
// motor label
int mot1,mot2,mo3,mot4;

///////////////////////// INITIALIZATION /////////////////////////

void setup(){

    hal.rcout->set_freq( 15, 490); //0xFF  0x0F->b'00001111'

    hal.rcout->enable_ch(0);
    hal.rcout->enable_ch(1);
    hal.rcout->enable_ch(2);
    hal.rcout->enable_ch(3);

    hal.rcout->write(0,900);
}

///////////////////////// EXECUTION /////////////////////////

void loop(){
    readboard();
}

//          auxiliar functions

static void r.eadboard(){
    readk= hal.console->read();

// q increases from 100 in 100 w of 10 in 10 and e of 1 in 1
// a reduces from 100 in 100 s to 10 in 10 and d to 1 in 1
// it is possible that in some pixhawk models the value to be
// written to the motor must be converted in this way
// hal.rcout-> write (0, uint16_t (incr));
if (readk=='q')
 {
    incr=incr+100;
 }

 if (readk=='w')
 {
    incr=incr+10;
 }

 if (readk=='e')
 {
    incr=incr+1;
 }

 if (readk=='a')
 {
```

```
        incr=incr-100;
    }
    if (readk=='s')
    {
        incr=incr-10;
    }
    if (readk=='d')
    {
        incr=incr-1;
    }
    mot1=incr;
    mot2=incr;
    mot3=incr;
    mot4=incr;
        tomotors (mot1,mot2,mot3,mot4);
}
static void tomotors(int m1, int m2, int m3 int m4){

    hal.rcout->write(0,m1);
    hal.rcout->write(1,m2);
    hal.rcout->write(2,m3);
    hal.rcout->write(3,m4);

    hal.scheduler->delay(200);

}
AP_HAL_MAIN(); // Ardupilot function call
```

5.6 写入标准直流电机（有刷）

知道如何使用电机并不能保证你能够使用自己的车辆。为此，必须完成以下步骤：

1）**电机的使用**：本节将对此进行说明。

2）**控制调优**：尽管本书后续章节将介绍该主题的基础知识，但是适当的调优将取决于你的项目。

3）**分配矩阵的定义**：正如在步骤 1 和 2 直接传达的（以及本书的其他部分介绍其基础知识），适当的选择将取决于你的项目。

如前所述，尽管 Pixhawk 不会产生与标准直流有刷电机所需兼容的 PWM 信号，但在使用不同类型的机器人而不是飞机时，指出这种连接是如何建立的是很重要的。有三种方法，请参阅图 5-14。

1）将 ESC 直接用于有刷直流电机，称为有刷 ESC。

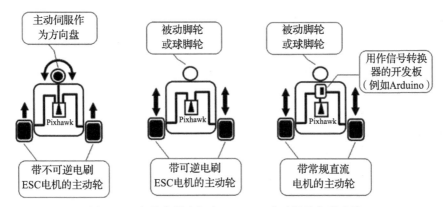

图 5-14   各种有刷电机和 Pixhawk 自动驾驶仪的连接

2）在 PWM 伺服和 PWM 占空比之间使用中间转换电路。尽管它可以是任何微控制器、微处理器、FPGA 或任何其他可编程设备，但在这里我们使用带有 `PulseInt()` 函数的 Arduino。有必要说明的是，在这种情况下，命令的解析运行时间至少为 10 微秒。因此，1000-2000 比例尺不是一次前进 1 个单位，而是一次前进 10 个单位。如果要使用多个直流电机（例如，由两个或四个电机驱动的推车），则另一个选项是 `attachInterrupt()` 函数。

3）使用嵌入式电路。在网上搜索"伺服到 PWM 转换器""Pixhawk 有刷电机"或"直流电机 RC 输入"。例如，请参阅 https://core-electronics.com.au/pololu-trex-jr-dual-motor-controller-dmc02.html。

同时，直流电机也需要信号来确定旋转方向。在这种情况下，除了来自 Pixhawk 的伺服型 PWM 信号外，还可以使用来自同一自动驾驶仪的 GPIO 轨道的逻辑信号。另外，如果你只希望使用 PWM 输出，则映射可能会有所帮助。请注意，当使用有刷 ESC 时，也有一些电机的方向与 ESC 相反。

以下代码由两个文件组成：一个主文件，该文件驱动电机并上载到 Pixhawk，另一个文件仅使用 Arduino 作为解释器，将 Pixhawk 的 RC 型 PWM 信号（1000-2000）写入 PWM 占空比类型的直流电机（0-255）。尽管我们使用 Arduino，但是可以使用能够检测脉冲变化或中断的任何其他可编程设备。必须理解，Arduino 或使用的任何其他设备仅用作两种 PWM 类型之间的解释器。为了能够使用标准的直流电机，所有车辆控制都直接在 Pixhawk 上进行，包括读取传感器、GPS、数据存储等。请参见清单 5-15 和 5-16。

如果你更喜欢 Arduino 选项，那么 `pulseInt` 命令是完成此任务的最简单方法，但是也有其他更有效的方法。参见 www.benripley.com/diy/arduino/three-ways-to-read-a-pwm-signal-with-arduino/。

清单 5-15   编写有刷直流电机，Pixhawk 代码

```
/////////////////////////// DECLARATION ///////////////////////////
//                         Paste the header here
```

```
//                    See appendix
//////////////////// put your code here ////////////////////

//////////////////////// INITIALIZATION ////////////////////////
void setup(){

    hal.rcout->set_freq( 15, 50); //0xFF  0x0F->b'00001111'
    hal.rcout->enable_ch(0);
    hal.rcout->enable_ch(1);
    hal.rcout->enable_ch(2);
    hal.rcout->enable_ch(3);

}
//////////////////////// EXECUTION ////////////////////////

// HERE a sequence is written to each motor from 1 to 4
// (numbered 0 to 3 by programming convention) NOTE that this
// code abuses of the delay command, the correct action is to
// use the t imer based on milliseconds or microseconds lapses or
// the real time, see the use of time section or the real time
// section to know how to to do it ALSO NOTE that a brushed
// motor does not operate at such high frequencies with
// respect to a BLDC, for this reason it is convenient to
// update the signal every 50 hz modifying the setup
// set_freq, in order to write to the motors every 20
// milliseconds, the delay given in this example is 500
// milliseconds so there is no problem in the execution and
// the DC motor should operate correctly

void loop(){

    hal.rcout->write(0,1000);
    hal.rcout->write(1,1000);
    hal.rcout->write(2,1000);
    hal.rcout->write(3,1000);

    hal.scheduler->delay(500);

    hal.rcout->write(0,1200);
    hal.rcout->write(1,1200);
    hal.rcout->write(2,1200);
    hal.rcout->write(3,1200);

    hal.scheduler->delay(500);

    hal.rcout->write(0,1500);
    hal.rcout->write(1,1700);
    hal.rcout->write(2,1300);
    hal.rcout->write(3,1100);

    hal.scheduler->delay(500);
```

```
    hal.rcout->write(0,1900);
    hal.rcout->write(1,1860);
    hal.rcout->write(2,1390);
    hal.rcout->write(3,1300);

    hal.scheduler->delay(500);

    hal.rcout->write(0,2000);
    hal.rcout->write(1,2000);
    hal.rcout->write(2,1000);
    hal.rcout->write(3,1000);

    hal.scheduler->delay(500);
}

AP_HAL_MAIN(); // Ardupilot function call
```

清单 5-16　编写有刷直流电机，Arduino 代码

```
double chan[4];

void setup() {
  pinMode(2,INPUT);
  pinMode(3,INPUT);
  pinMode(4,INPUT);
  pinMode(5,INPUT);
  Serial.begin(9600);
}

void loop() {

// the RC PWM  from the pixhawk motor ports is read
// command arduino pulseInt

  chan[0]=pulseIn(2,HIGH);
  chan[1]=pulseIn(3,HIGH);
  chan[2]=pulseIn(4,HIGH);
  chan[3]=pulseIn(5,HIGH);

  // once read, then is printed, but it can be scaled with a
  // mapping function so that the range 1000-2000 can be
  // translateby the arduino as -255 to 255
  // once done this, data can be sent to the required DC
  // brushed motors by connecting to the arduino a direction
  // pin (-1 or 1) and an speed pin (0 to 255), observe that
  // this establish a zero reference at 1500 RC from pixhawk
  // and 0 at arduino
  Serial.print(chan[0]);
  Serial.print(",");
  Serial.print(chan[1]);
  Serial.print(",");
```

```
    Serial.print(chan[2]);
    Serial.print(",");
    Serial.println(chan[3]);
}
```

使用 Arduino 的串行绘图仪，你可以在图 5-15 中看到 Pixhawk 发送的信号。如果你希望将这些信号直接发送到电机，请确保具有相应的映射以及所需的功率级。

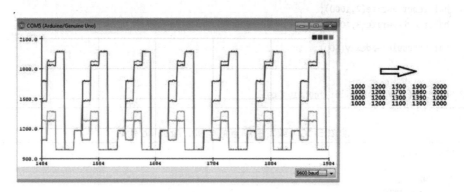

图 5-15　由 Pixhawk 自动驾驶仪发送并由 Arduino 读取的 RC 输出信号

以下代码是互补的。其目的是将两个 Pixhawk PWM 信号发送到连接到 Arduino 的两个直流电机。在此示例中，我们使用了 Arduino-one 和 L298 驱动器，因此每个电机都需要一个数字输入用于从 Pixhawk 读取 RC PWM，一个数字输出用于读取 PWM 占空比速度信号，以及两个用于发送方向信号的数字输出引脚。由于 Arduino-one 只有 14 个数字引脚，但每个电机需要四个数字引脚，因此我们只能将此代码应用于最多三个直流有刷电机。参见清单 5-17。

清单 5-17　写入直流有刷电机，Arduino 代码

```
// 2 channel for reading PWM RC 1000-2000 from the pixhawk
   double cha[2];
// 2 outputs for DC brushed motors PWM duty cycle 0-255
   double mo[2];
// 2 ouputs for motor sign or spin direction
   double simo[2];

void setup() {

// pins to receive the signals generated in the RC output from
// the pixhawk
pinMode(2,INPUT);
pinMode(4,INPUT);

// available pins to generate PWM type duty cycle in Arduino-uno
// 3 5 6 9 10 11
```

```
// in this case for two motors we choose the pins 10 and 11
pinMode(10, OUTPUT);
pinMode(11, OUTPUT);

// the L298 needs in addition to the PWM, two signals for the
// direction of rotation of each motor

pinMode(5, OUTPUT);
pinMode(6, OUTPUT);
pinMode(7, OUTPUT);
pinMode(8, OUTPUT);

Serial.begin(9600);
}

void loop() {

// spin sense by default
simo[0]=0;
simo[1]=0;

// reading of the pixhawk connected to digital pins 2 and 4
cha[0]=pulseIn(2,HIGH);
cha[1]=pulseIn(4,HIGH);

// mapping of the pixhawk RC PWM 1000-2000 to the arduino dutyc
// cycle PWM -255 to 255 (the sign is separated later)
mo[0] = map(cha[0],1000, 2000, -255, 255);
mo[1] = map(cha[1],1000, 2000, -255, 255);

// here the sign is separated, if the value is positive it is
// sent 1, if it is negative stays at zero

if (mo[0]>=0)
{
  simo[0]=1;
}

if (mo[1]>=0)
{
  simo[1]=1;
}
// the absolute value is written to each motor
analogWrite(10, abs(mo[0]));
analogWrite(11, abs(mo[1]));

// the corresponding sign is written to each motor
// remember that the L298 requires two values, the original and
// the denied

digitalWrite(5,simo[0]);
digitalWrite(6,!simo[0]);
```

```
digitalWrite(7,simo[1]);
digitalWrite(8,!simo[1]);

}
```

连接如图 5-16 所示。

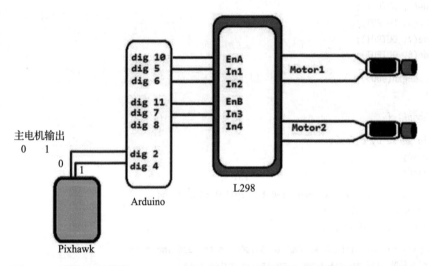

图 5-16   用作解释器的 Arduino,用于从 Pixhawk 自动驾驶仪命令标准直流电机

可以通过以下方式在硬件和软件层面上改进此代码:

❑ 通过减少使用引脚的数量,以便每个电机只有一个用于幅度或 PWM 占空比的引脚,以及一个用于电机旋转方向的引脚

❑ 通过使用 Arduino 的寄存器或中断函数

❑ 通过为每个电机使用微型 Arduino 作为"有刷 ESC"

❑ 通过使用微控制器代替 Arduino 来改进从 RC 到占空比的转换

❑ 通过利用 PPM 调制器来减少 Arduino 中的读取中断

有关更多信息,请参见:

❑ www.youtube.com/watch?v=63JmO4Mc8NM

❑ https://github.com/xkam1x/Arduino-PWM-Reader

❑ http://blog.solutions-cubed.com/using-radio-control-transmitters-for-motor-control/

❑ www.instructables.com/id/Rc-Controller-for-Better-Control-Over-Arduino-Proj/

有本有用的西班牙语写的书:Esteban Joel Rabuffetti. " Diseñoy construcción de un ROV para aplicaciones de sensorización medioambiental." www.hooked-on-rc-airplanes.com/brushed-vs-brushlessesc.html. 2016.

5.7 使用步进电机

知道如何使用电机并不能保证你能够使用自己的车辆。为此，必须完成以下步骤：

1）**电机的使用**：本节将对此进行说明。

2）**控制调优**：尽管本书后续章节将介绍该主题的基础知识，但是适当的调优将取决于你的项目。

3）**分配矩阵的定义**：正如在步骤 1 和 2（以及本书的其他部分介绍其基本知识）中直接传达的那样，适当的选择将取决于你的项目。

将步进电机与 Pixhawk 和 ArduPilot 库一起使用时，其逻辑与上一节类似。除了命令旋转方向外，还需要两个参数：要执行的步骤数和旋转速度。它们都是作为 RC PWM 信号的函数给出的。这样，可以方便地使用 Arduino 或任何其他解释这些需求的设备。

通过 Pixhawk 使用步进电机有两种方法：

1. 保持恒定的速度并根据 PWM-RC 信号改变给定的步数。在这种情况下，步进电机的行为将像伺服一样，因为其位置将受到控制。

2. 保持恒定的步数（例如一整转），并根据 PWM-RC 信号改变执行速度。在这种情况下，步进电机将类似于 BLDC 电机一样运行，因为它将对其速度进行调节。

你可能已经注意到，这需要两个代码文件：用于写入 BLDC 的 Pixhawk 标准代码，以及与 Pixhawk 连接的开发板（用作解释器）中的代码。

对开发板（Arduino、微控制器等）进行编程，我们推荐以下项目：http://chipkit.net/wiki/index.php?title=Driving_Steppers_from_RC_Reciever.

这是一个不再受支持的项目，该项目通过 Arduino 实现：www.cunningturtle.com/wiki/index.php?title=Radio_Controlled_Stepper.

另一个理解起来有点复杂但有用的项目：http://chromatex.me/arduino-stepper-motor-wiring-diagram.html/easy-driver-hook-up-guide-learn-sparkfun-com-stunning-arduino-stepper-motor-wiring-diagram/.

也就是说，如果你不想处理算法和代码，你可以购买电子模块，直接转换 RC 信号并发送到步进电机。在这种情况下，只要对 ArduPilot 的 BLDC 编写程序，并将相应的输出从 Pixhawk 连接到电子模块就足够了。这里有一个示例：www.pololu.com/product/3131.

要了解更多与此相关的信息，可以在网上搜索“rc 到步进器”“伺服信号到步进器”和“rc 到步进器 Arduino”。将 Arduino 一词更改为其他感兴趣的术语，例如“微控制器”“树莓派”等。

5.8　使用伺服电机执行辅助任务

知道如何使用电机并不能保证你能够使用自己的车辆。为此，必须完成以下步骤：

1. **电机的使用**：本节将对此进行说明。

2. **控制调优**：尽管本书后续章节将介绍该主题的基础知识，但是适当的调优将取决于你的项目。

3. **分配矩阵的定义**：正如第 1 步和第 2 步直接传达的（以及本书的其他部分教授其基础知识）一样，适当的选择将取决于你的项目。

❑ **组件**：Pixhawk、电池、BEC、伺服电机

❑ **说明**：该命令与"写入 BLDC"部分中的命令相同，区别在于写入频率必须以 50Hz 进行，而 BLDC 电机则以 490Hz 进行。它的用途在于使用矢量化器（请参见矢量化附录）重定向每个电机、机翼、相机稳定器的推力，使用机器人镊子收集物体等。

尽管伺服电机控制位置，BLDC 控制速度，但它们都允许相同的 RC 型 PWM 信号，范围值约为 1000 ～ 2000。在不同的商业模型中，这可能会略有不同。

Pixhawk 具有六个附加输出，可以互换使用，但不能同时用作伺服电机或 GPIO 端口的辅助设备。如果用于控制伺服电机，则使用不同于对应的 GPIO 引脚（从 8 到 13）编号调用它们。参见清单 5-18。

实现提示　鉴于在系统中执行大的代码块仅需花费几毫秒的时间，向伺服电机发送信息可能会导致它们烧掉。因此，建议在安全的时间间隔内执行此操作。测试它们的最简单方法是使用延迟，但这会危及函数的执行和无人机的完整性。请参阅本书的时间管理章节。

伺服电机所需的功率比 Pixhawk 辅助输出所提供的功率要大。因此，在确认伺服电机和自动驾驶仪端口的消耗量之后，即可使用 BEC。如果你不考虑这种情况，则有两种情况可行：第一种情况是伺服电机根本不移动，第二种情况是自动驾驶端口将烧毁。

为了避免无刷直流电机在其 ESC 和伺服系统中与某些类型的 BEC 同时使用时出现问题，这些电机需要比无刷直流电机更多的电压、电流或两者都需要，应仅使用信号输出和 Pixhawk 接地，方法是将 Pixhawk 插入伺服电机而不使用 BEC。

清单 5-18　写入伺服电机

```
/////////////////////// DECLARATION ///////////////////////
//            Paste the header here
//               See appendix

/////////////////// place ypur code here ///////////////////

/////////////////////// INITIALIZATION ///////////////////////
```

```
//
void setup(){

// add the following lines to the setup, they register the
// channels to be controlled remember that the main lines are
// numbered from 0 to 7
    hal.rcout->enable_ch(0);
    hal.rcout->enable_ch(1);

// the next line only sets the frequency of the main outputs
// the auxiliaries are not affected since they only support
// 50hz operation
// the 3 in binary is 0000 0011 that is to say the motors 1 and
// 2 numbered as 0 and 1 the servos can also be used in the
// main outputs by modifying the corresponding channels to 50,
// for example if we want to place a servo on the 3rd main
// channel seen as 0000 0100 we should place a second command
// set_freq with first argument equal to 4 and second equal to 50

    hal.rcout->set_freq( 3, 490);

// this line enables auxiliary output number 2
// the numbering of auxiliaries is from 8 to 13, ie aux1 to aux6
// remember that the auxiliary outputs do not require the set_
// freq, as in generala servomotor operates at 50hz
    hal.rcout->enable_ch(9);

// starting the two respective BLDCs and the servo
    hal.rcout->write(0,900);
    hal.rcout->write(1,900);
    hal.rcout->write(9,900);

    hal.scheduler->delay(1000);

}

//////////////////////////// EXECUTION ////////////////////////////

// HERE is written a sequence to each motor from 1 to 2
// (numbered 0  to 1 by programming convention) and to a servo
// motor connected to the auxiliary channel 2 numbered 9
// NOTE that this code abuses of the delay command, the correct
// action will be to use the timer based on millis or micros
// or the realtime scheduler, see the section about use of
// times or real time to know how to do it
// ALSO NOTE that a servomotor does not operate at such high
// frequencies with respect to a BLDC, for which it is
// convenient to update the signal every 50 hz modifying the
// setup in order to write to the motors every 20 milliseconds
// the delay given in this example is 1000 milliseconds so
// there is noproblem in the execution and the servo motor
```

```
// should not be damaged
void loop(){
    hal.rcout->write(0,1000);
    hal.rcout->write(1,1000);
    hal.rcout->write(9,2000);

    hal.scheduler->delay(1000);
    hal.rcout->write(0,1200);
    hal.rcout->write(1,1200);
    hal.rcout->write(9,1500);

    hal.scheduler->delay(1000);

    hal.rcout->write(0,1500);
    hal.rcout->write(1,1700);
    hal.rcout->write(9,1000);

    hal.scheduler->delay(1000);

    hal.rcout->write(0,1900);
    hal.rcout->write(1,1860);
    hal.rcout->write(9,1200);

    hal.scheduler->delay(1000);

    hal.rcout->write(0,2000);
    hal.rcout->write(1,2000);
    hal.rcout->write(9,1000);

    hal.scheduler->delay(1000);
}
AP_HAL_MAIN(); // Ardupilot function call
```

使用 Arduino 串行监测器监测到的信号如图 5-17 所示。将其与先前的代码进行比较。

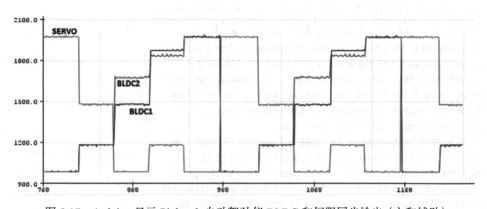

图 5-17 Arduino 显示 Pixhawk 自动驾驶仪 BLDC 和伺服同步输出（主和辅助）

5.9　ArduPilot 兼容电机总结

表 5-1 简要总结了不同类型电机的使用情况。

表 5-1　ArduPilot 兼容电机总结

电机类型	所需信号	必需的代码	来自 Pixhawk 的输出信号	来自转换设备 的输出信号
BLDC	RC 型 PWM	Pixhawk 的代码	RC 型 PWM	不需要
BDC 或 "标准型"	- 通常为占空比型 PWM，有时 RC 型 PWM - 旋转信号方向	-Pixhawk 的代码 - 通过解释器设备（Arduino、树莓派、微控制器等）将 RC 型 PWM 转换为占空比型 PWM 的一种	- 映射模式 RC 型 PWM - 无映射模式 RC 型 PWM 和 GPIO 信号用于旋转方向	- 映射模式占空比 PWM 和旋转方向 - 无映射模式占空比 PWM
伺服电机	50 Hz RC 型 PWM	Pixhawk 的代码	50 Hz RC 型 PWM	不需要
步进电机	- 脉冲数（恒速）或速度（恒定脉冲数） - 旋转方向	-Pixhawk 的代码 - 通过解释器设备将 RC 型 PWM 转换为脉冲数或转速的工具（Arduino、树莓派、微控制器等）	- 映射模式 RC 型 PWM - 无映射模式 PWM RC 和 GPIO 信号用于旋转方向	- 映射模式固定或可变脉冲数和旋转方向 - 无映射模式固定或可变脉冲数

5.10　数据的使用与存储

组件：microSD 存储器、存储卡适配器、Mission Planner

说明：我们提供的命令允许将数据写入自动驾驶仪的 SD 存储器。查看以下存储顺序：

❑ 包数据类型声明

❑ 头文件声明（如何将数据保存在 SD 存储器中）

❑ 初始化

❑ 保存序列

在声明过程和保存序列中，你必须注意使用的名称。名称不能相同，但必须相互关联（通过改变字母或使用大写字母和小写字母的组合，如示例代码所示）。

要特别小心头文件声明，因为它不使用标准的 C 或 C++ 代码。因此，编译器将无法检测到错误。

尽管此代码可以放在主程序中（例如 `MainSD.pde`），鉴于它的复杂性，在同一个文件夹内的辅助文件（例如 `Data.pde`）中更易于处理。参见清单 5-19 和清单 5-20。

实现提示 数据最多存储在 13 个数据包中，目的是不使主要任务饱和或减慢速度（在本书使用的 Pixhawk 和 ArduPilot 版本中，此数量数据包运行效果很好）。因此，建议发送分隔符。其中，数据包可以是传感器读取包、控制包、无线电读取包、错误包、附加数据包等。

如果你没有正确放置 SD 卡，则 Pixhawk 不可用。数据提取到计算机后，请确保将其正确放入自动驾驶仪中。

始终验证发送到内存中的数据和数据类型。如果某些操作失败，编译器将不会发出警告。你只会在飞行的时候知道是否有错误。发生这种情况是因为写入正确的数据是用户的职责。任何东西都可以存储，但这并不意味着存储正确。

清单 5-19 提供了一个数据存储示例。请注意以下几点：
❑ 语法为：

```
void WriteBlock(const void *pBuffer, uint16_t size);
```

你可以在此网址找到更多信息：https://github.com/ArduPilot/ ardupilot/blob/master/libraries/ DataFlash/DataFlash.h

清单 5-19　在 SD 中保存数据，MainSD.pde

```
///////////////////////// DECLARATION /////////////////////////
//                  Paste the header here
//                      See appendix
//////////////////// place your code here /////////////////////

///////////////////////// INITIALIZATION //////////////////////

void setup(){
    init_flash();  // invocation of the initialization function
                   // defined in Data.pde
}
///////////////////////// EXECUTION ////////////////////////////

void loop(){
    Save_data();// auxiliary function defined furher in this
               // program to store data
}
//           Auxiliar function

static void Save_data(){
    Log_Write_Pose(); // function to save pose data defined in
                      // Data.pde
    Log_Write_Control(); // function to save control data
                      // defined in Data.pde
```

```
        Log_Write_Errors(); // function to save error data defined
                            // in Data.pde
}
AP_HAL_MAIN(); // Ardupilot function call
```

清单 5-20　在 SD 中保存数据，辅助代码 Data.pde

```
// register definition, see arducopter.pde code
#define LOG_POSE_MSG 0x01
#define LOG_ERR_MSG 0x0C
#define LOG_CONTROL_MSG 0x05

// DATA PACKAGE DECLARATION
// Number of packages 3, Pose, Control and Error

static uint16_t log_num;    //Dataflash

struct PACKED log_Pose{
    LOG_PACKET_HEADER;
    float     alt_barof;
    float     Roll;
    float     Pitch;
    float     Yaw;
    float     z_pos;
    float     vel_x;
    float     vel_y;
    float     vel_z;
    float     x_pos;
    float     y_pos;
    float     giroz;
    float     girox;
    float     giroy;
};

struct PACKED log_Control {
    LOG_PACKET_HEADER;
    float   time_ms;
    float   u_z;
    float   tau_theta;
    float   tau_phi;
    float   tau_psi;
    float   comodin_1;
    float   comodin_2;
    float   comodin_3; // data wildcards useful for whatever
    float   comodin_4; // you want to add
};

struct PACKED log_Errors {
    LOG_PACKET_HEADER;
    uint32_t   time_ms;
```

```
    float    error_x;
    float    error_y;
    float    error_z;
    float    voltaje;
    float    corriente;
    float    comodin_5;
    float    comodin_6;
    int    comodin_7;
    float    alt_des;
    float    x_des;
    float    y_des;
};

//        HEADER DECLARATION

static const struct LogStructure log_structure[] PROGMEM = {
        LOG_COMMON_STRUCTURES,
        {LOG_POSE_MSG, sizeof(log_Pose),
        "1", "ffffffffffffff", "a_bar,ROLL,PITCH,YAW,
        Z_POS,V_X,V_Y,V_Z,X_POS,Y_POS,G_Z,G_X,G_Y"},
        { LOG_CONTROL_MSG, sizeof(log_Control),
        "2", "fffffffff", "T_MS,UZ,T_TH,T_PHI,T_PSI,TAUX,TAUY,
        S_PHI,S_PSI"},
        { LOG_ERR_MSG, sizeof(log_Errors),
        "3", "IffffffffIfff", "T_MS,E_X,E_Y,E_Z,VOLT,AMP,nav_z,
        nav_zp,con_alt,ZDES,XDES,YDES"},
};

//        INITIALIZATION

static void init_flash() {
    DataFlash.Init(log_structure,sizeof(log_structure)/
    sizeof(log_structure[0]));
    if (DataFlash.NeedErase()) {
        DataFlash.EraseAll();
    }
    log_num=DataFlash.StartNewLog();
}
//    SAVING SEQUENCE DATA, BY PACKAGE, Pose, Control, Errors
// DATA TO THE RIGHT is assumed previously defined in the main
// cycle or auxiliary functions

static void Log_Write_Pose()
{
    struct log_Pose pkt = {
        LOG_PACKET_HEADER_INIT(LOG_POSE_MSG),
        alt_barof    : baro_alt,
        Roll        : ahrs.roll,
        Pitch        : ahrs.pitch,
        Yaw        : ahrs.yaw,
```

```
        z_pos        : pos.z,
        vel_x        : vel.x,
        vel_y        : vel.y,
        vel_z        : vel.z,
        x_pos        : pos.x,
        y_pos        : pos.y,
        giroz        : gyro.z,
        girox        : gyro.x,
        giroy        : gyro.y,
    };
    DataFlash.WriteBlock(&pkt, sizeof(pkt));
}

static void Log_Write_Control(){
    struct log_Control pkt = {
        LOG_PACKET_HEADER_INIT(LOG_CONTROL_MSG),
        time_ms      : (float)(hal.scheduler->millis()/1000),
        u_z          : ctrl.z,
        tau_theta    : (ctrl.x+c_pitch),
        tau_phi      : (ctrl.y+c_roll),
        tau_psi      : c_yaw,
        comodin_1     : 0,
        comodin_2     : 0,
        comodin_3    : 0,
        comodin_4    : 0,
    };
    DataFlash.WriteBlock(&pkt, sizeof(pkt));
}

static void Log_Write_Errors(){
    struct log_Errors pkt = {
        LOG_PACKET_HEADER_INIT(LOG_ERR_MSG),
        time_ms        : (hal.scheduler->millis()/100),
        error_x        : error.x,
        error_y        : error.y,
        error_z        : error.z,
        voltaje        : volt,
        corriente      : corriente_tot,
        comodin_5       : 0,
        comodin_6       : 0,
        comodin_7        : radio_throttle,
        alt_des        : ref.z,
        x_des          : ref.x,
        y_des          : ref.y,
    };
    DataFlash.WriteBlock(&pkt, sizeof(pkt));
}
```

接下来，我们描述如何使用 Mission Planner 将数据保存到你的计算机中或直接在同一界面上查看它们。

注意　在这两种情况下，你都需要从自动驾驶仪中取出 SD 卡并通过内存适配器读取。

5.11　使用 Mission Planner GUI 绘制 SD 数据

尽管可以对 microSD 卡进行编程以在运行时存储导航数据（请参见 5.10 节），但问题是以后如何使用这些数据进行监测或报告。

这是通过 Mission Planner 界面实现的。获取信息的步骤如下：

1）小心地从 Pixhawk 中取出 microSD 卡。请参阅图 5-18。

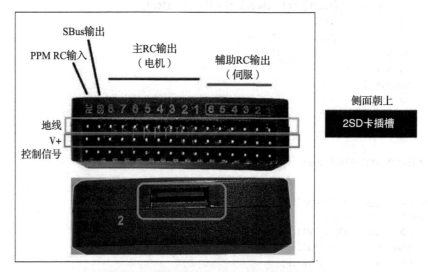

图 5-18　第 1 部分：从 SD 绘制飞行数据

2）无论你打算处理数据的计算机无论是否有 microSD 卡端口或适配器，请将该卡连接起来，就好像它是 USB 存储器一样。请注意 APM 文件夹和其中的 LOGS 文件夹。请参阅图 5-19。

3）所有为存储而编程的已更新导航文件都存储在 LOGS 文件夹中。要找到最新的，请查找文件 LASTLOG.TXT（在本例中，lastlog 告诉我们它是名为 77 的文件）。请参阅图 5-20。

4）打开 Mission Planner，然后单击"终端"按钮（切勿按"连接"按钮）。见图 5-21。

5）单击"日志下载"按钮。请参阅图 5-22。

6）如果出现图 5-23 中的信息，只需单击"确定"按钮将其忽略。

7）在辅助窗口中，查找并单击 Bin to log 按钮。（bin 格式是专门被设计为较小的一种格式，并包含导航信息。但是，必须将其解码为日志格式，才能使用并将其数据提取到计算机上）。请参阅图 5-24。

8）系统将要求你输入要转换的文件的位置和名称。在我们的示例中，它是 APM/LOGS 文件夹中的 77 文件。选择它并打开它。请参见图 5-25。

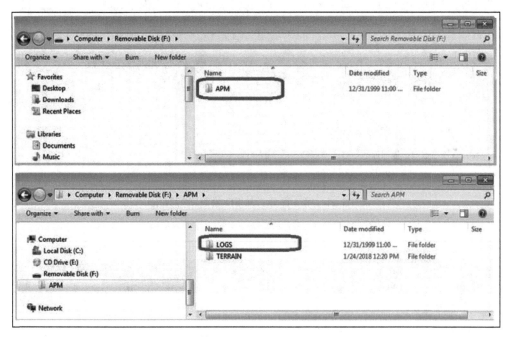

图 5-19　第 2 部分：从 SD 绘制飞行数据

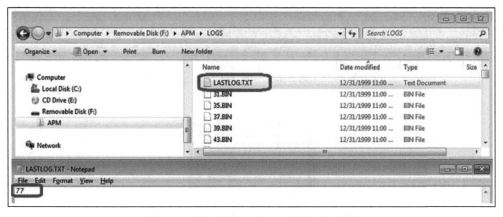

图 5-20　第 3 部分：从 SD 绘制飞行数据

图 5-21 第 4 部分: 从 SD 绘制飞行数据

图 5-22 第 5 部分: 从 SD 绘制飞行数据

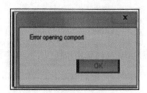

图 5-23 第 6 部分: 从 SD 绘制飞行数据

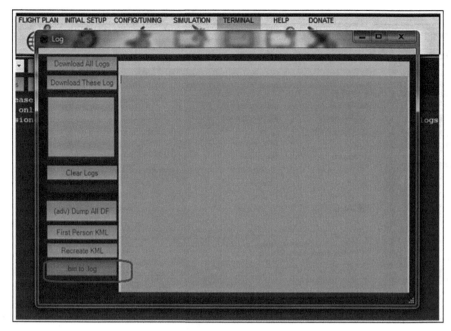

图 5-24 第 7 部分：从 SD 绘制飞行数据

图 5-25 第 8 部分：从 SD 绘制飞行数据

9）在下面的窗口中，指定要保存文件的名称和文件夹（请记住，输出的 .log 文件已经是文本文件，可以与任何编辑器一起使用，如记事本、电子表格、公式编辑器、绘图程序等）。请参阅图 5-26。

图 5-26 第 9 部分：从 SD 绘制飞行数据

10）最后，关闭所有选项卡，并在必要时关闭 Mission Planner。查找 .log 文件并验证其内容。在此示例中，在桌面上将其另存为 compu77.log（由于它是文本文件，如果你使用的程序需要它，也可以使用扩展名 .txt 或 .dat 进行保存或重命名）。请参阅图 5-27。

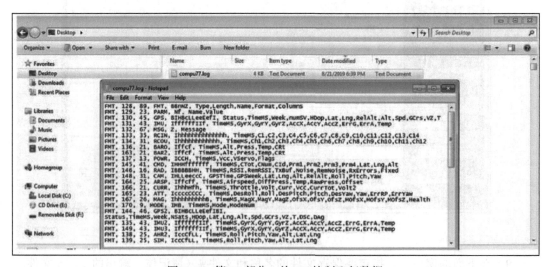

图 5-27 第 10 部分：从 SD 绘制飞行数据

11）如果没有电子制表软件或公式编辑器，或者只想快速解释 .log 文件中存储的数据，则可以执行以下操作：

　　a）打开 Mission Planner。转到终端选项卡，然后单击"日志浏览"按钮。请参阅图 5-28。

图 5-28　备用程序 A 部分：从 SD 绘制飞行数据

　　b）搜索，选择并打开 .log 文件（在此示例中称为 compu77.log）。请参阅图 5-29。

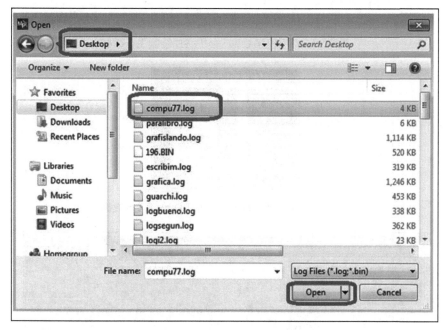

图 5-29　备用程序 B 部分：从 SD 绘制飞行数据

　　c）将会出现如图 5-30 所示的窗口。感兴趣的数据将从编号 1 到 n 以包的形式出现（请记住，它最多可以运行 13 个包）。

　　d）单击包编号将显示可用数据。请参阅图 5-31。

　　e）选择感兴趣的数据并绘制。可以通过右键单击图形将其存储为某些常见类型的图像。请参阅图 5-32。

图 5-30　备用程序 C 部分：从 SD 绘制飞行数据

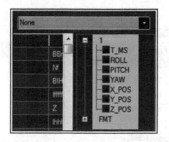

图 5-31　备用程序 D 部分：从 SD 绘制飞行数据

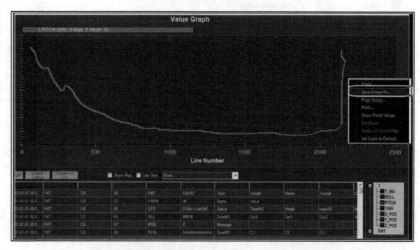

图 5-32　备用程序 E 部分：从 SD 绘制飞行数据

5.12 时间管理

ArduPilot 库中有五种使用时间的方法。请参阅表 5-2。

表 5-2 ArduPilot 库时间管理

类　型	常用的 ArduPilot 命令	特　点
延时	`hal.scheduler->delay(time)`	它会完全暂停系统
系统时钟	`hal.scheduler->millis()` `hal.scheduler->micros()`	它使用系统的时钟，因为它是在不暂停任何活动的情况下激活的。 它是实时的基础
非活动周期	`for`、`while`、`do while`、`if`	它是延迟的基础，也意味着相同的缺点
累加器	`var=var+1`	它不会停止任何进程，但是如果一个进程被阻止，则累加器也将停止。这是实时的另一个基础
实时	调度程序序列	它允许任务的并行化，这是最强大的时间管理方式

1）**通过调用延迟（使用警报的模拟形式）**：在这种情况下，延迟函数允许你输入空时间，直到延迟结束。但最不建议这样做，因为只要你决定了，系统就会保持完全不活动状态。一旦延迟完成，系统将恢复其任务的正常执行。通常，延迟用于为执行物理任务提供一些时间（例如，如果将命令连续发送到电机，则电机可能会烧坏，延迟为电机平稳响应提供了时间）。参见清单 5-21。

清单 5-21 提供了一个使用延迟进行时间管理的示例。请注意以下几点：

❑ 语法为：

```
void delay(uint16_t miliseconds);
void delay_microseconds(uint16_t microseconds)
```

你可以在此网站找到更多信息：https://github.com/ArduPilot/ardupilot/blob/master/libraries/AP_HAL/Scheduler.h

清单 5-21　通过使用毫秒和微秒延迟进行时间管理

```
/////////////////////// DECLARATION ///////////////////////
//                  Paste the header here
//                      See appendix

/////////////////// place your code here ///////////////////

/////////////////////// INITIALIZATION ///////////////////////

void setup(){
    // copy the basic setup see appendix
}
/////////////////////// EXECUTION ///////////////////////

// HERE the previous functions for reading orientations are used
// and each reading is separated in a period of 3000
// milliseconds or 3s note that the system does not do
```

```
// anything during that time only the data displaying

void loop(){
    ahrs.update();
    roll  = ahrs.roll;
    pitch = ahrs.pitch;
    yaw   = ahrs.yaw;
    hal.console->printf("%f\t %f\t %f\t\n",roll,pitch,yaw);
    hal.scheduler->delay(3000);
}

AP_HAL_MAIN(); // Ardupilot function call
```

2）通过调用全局计量器（使用时钟的模拟形式）：在这种情况下，你可以知道从系统打开到调用命令为止的"确切"经过时间。其主要功能之一是计算速度。这种方法和累加器的方法一样，是实时性的基础。参见清单 5-22。

清单 5-22 提供了一个使用系统时钟进行时间管理的示例。请注意以下几点：

❑ 语法为：

```
millis( );
micros( );
```

你可以在此网站找到更多信息：http://ardupilot.org/dev/docs/learning-ardupilot-the-example-sketches.html

清单 5-22 使用系统时钟进行时间管理

```
////////////////////// DECLARATION //////////////////////
//                Paste the header here
//                    See appendix

////////////////////// place your code here //////////////////

// integers that contain time, their variable types are without
// sign because time is always positive and also of value 32
// which can reach a maximum value of 4,294,967,296 milliseconds,
// a type 16 could be used but it would be useful just one
// minute or approximately 65536 milliseconds

uint32_t timec, timecmod;

////////////////////// INITIALIZATION //////////////////////

void setup(){
    // copy the basic setup see appendix

}

////////////////////// EXECUTION //////////////////////

// HERE the previous functions for reading orientations are used
// and each reading is separated in a period of 3000
// milliseconds or 3s note that the system continues with
// its normal tasks and data display is done just when the
```

```
// global time module equals 3s

void loop(){

    timec=hal.scheduler->millis();
    timecmod=timec%3000;

    ahrs.update();
    roll  = ahrs.roll;
    pitch = ahrs.pitch;
    yaw   = ahrs.yaw;

    if(timecmod==0)
    {
        hal.console->printf("%f\t %f\t %f\t\n",roll,pitch,yaw);
    }

}

AP_HAL_MAIN(); // Ardupilot function call
```

3）**通过非活动周期**：此方法使用逻辑或顺序结构的组合（`for`、`if`、`while`）来生成停滞时间。它是延迟的基础，但并不是没有用，因为它由事件计数（例如，程序通过一行代码的次数）执行。

4）**通过累加器（计数器的模拟形式）**：必须执行事件计数（例如，程序通过一行代码的次数）以增加称为累加器的变量。其缺点是每个增量都受程序长度的影响（代码越长，累加器的更新花费的时间越长）。因此，如果某些任务被阻止，则累加器也将被阻止。此方法与全局计量器一起是实时的基础。

5）**通过实时调度器（计时器的模拟形式）**：这是最强大的时间管理方法之一。它允许你对任务进行排序和优先级排序。考虑到它的重要性，将在本书的后续章节中看到它。

5.13　本章小结

在本章中，你学习了以下 ArduPilot 库的高级操作：

❑ 有线和无线 UART 串行通信
❑ 如何将 Pixhawk 自动驾驶仪与其他开发卡（如 Arduino）连接
❑ 如何优化代码
❑ 不同的时间管理方式
❑ 如何保存和使用飞行数据
❑ 如何在自动驾驶仪上使用不同类型的电机

第 6 章，你将学习如何控制飞行器，在这里为四轴飞行器。为此，你将使用以前看到的命令，我们将以一种基本的方式教你建模和控制这类飞行器，以便你可以使用另一种机器人执行类似的步骤。

第 6 章
控制具有平稳飞行模式的四轴飞行器

在这一章中，我们将教你如何运用之前学到的知识为无人机编程。本章还将指导你了解自动控制、建模的基础知识，以及称为分配矩阵的工具，这对于将理论与实践联系起来非常有用。所有这些都将通过一个特定的用例来展示：四轴飞行器。到本章结束时，你将能够将所学的技能运用到任何其他类型的自动驾驶上。

必要的建议是首先将清单 6-1 中的代码加载到 Pixhawk。该代码将发送遥控器的信号，并将其分配到无人机的 BLDC 电机中。

清单 6-1　读取遥控器并将其组合写入无人机的每个引擎

```
/////////////////////////// DECLARATION /////////////////////////
//              Paste the header here
//                  See appendix

/////////////////////// place your code here //////////////////

// add or verify those lines

uint16_t radio[6];
float m1,m2,m3,m4;
int radio_roll, radio_pitch, radio_yaw, radio_throttle, aux_1,
aux_2;

/////////////////////////// INITIALIZATION /////////////////////

void setup(){
// verify or add those lines
    hal.rcout->enable_ch(0);
    hal.rcout->enable_ch(1);
    hal.rcout->enable_ch(2);
    hal.rcout->enable_ch(3);
    hal.rcout->set_freq( 15, 490);
}
/////////////////////////// EXECUTION /////////////////////////

void loop(){

/////    starting BLDC in zero
```

```
    hal.rcout->write(0,0);
    hal.rcout->write(1,0);
    hal.rcout->write(2,0);
    hal.rcout->write(3,0);
///// reading all the radio channels, radio must be in mode 2
///// or helicopter mode

    for (uint8_t i = 0; i < 6; i++)
        {radio[i] = hal.rcin->read(i);}

///// assignment of each channel
    radio_roll  = (radio[0]-1500)/3;
    radio_pitch = (radio[1]-1510)/3;
    radio_throttle = radio[2];
    radio_yaw = (radio[3]-1510)/2;
    aux_1 = radio[4];
    aux_2 = radio[5];

///// values to write from
///// remote control to each engine through its corresponding
///// allocation matrix type X (see further sections), notice
///// the saturation to the engines so that they do not exceed
///// the minimum and maximun security values

    m1 = satu((radio_throttle-radio_roll+radio_pitch+
    radio_yaw),1700,1100);
    m2 = satu((radio_throttle+radio_roll-radio_pitch+
    radio_yaw),1700,1100);
    m3 = satu((radio_throttle+radio_roll+radio_pitch-
    radio_yaw),1700,1100);
    m4 = satu((radio_throttle-radio_roll-radio_pitch-
    radio_yaw),1700,1100);

// emergency stop using a two-position auxiliary lever,
// when the lever is on, it is written to each motor
// otherwise, the motors are switched off
    if (aux_1<1500)
    {
        hal.rcout->write(0,uint16_t(m1));
        hal.rcout->write(1,uint16_t(m2));
        hal.rcout->write(2,uint16_t(m3));
        hal.rcout->write(3,uint16_t(m4));
    }

    else
    {
        hal.rcout->write(0,900);
        hal.rcout->write(1,900);
        hal.rcout->write(2,900);
        hal.rcout->write(3,900);
```

```
    }
    hal.scheduler->delay(50);
}
//        Auxiliar functions
AP_HAL_MAIN(); // Ardupilot function call
///    saturation function
static float satu(float nu, float maxi, float mini){
    if(nu>=maxi) nu=maxi;
    else nu=nu;
    if(nu <= mini) nu=mini;
    else nu=nu;
    return nu;
}
```

注意　将 RC PWM 信号发送到电机的非任意方式，使用的是一种我们将在本章后面介绍的分配矩阵方法。

清单 6-1 中显示的代码对应于 Pixhawk 类型 X 配置的变体。要使用它，请确认电机已正确连接到自动驾驶仪，如图 6-1 所示。同时验证旋转方向。

图 6-1　Pixhawk 类型 X 变体的电机配置

加载完代码后，检查远程控制杆的方向是否正确。为此，组装一个四轴飞行器类型的无人机，在没有螺旋桨的情况下，将飞行器放在手中来检查以下情况（参见"分配矩阵"部分）。

通过单独移动油门杆，所有的电机应该以相似的方式改变速度（在所有电机中必须观察到几乎相同的速度）。如图 6-2 所示。

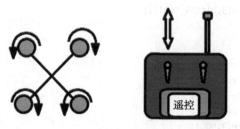

图 6-2　油门杆移动时的电机效果

当沿一个方向移动偏航杆时，其中两个电机的转速应该比沿相反方向（对角线）旋转的另两个电机转速快。当沿另一个方向移动偏航杆时，后者的转速应该比前者的转速快。请参见图 6-3。

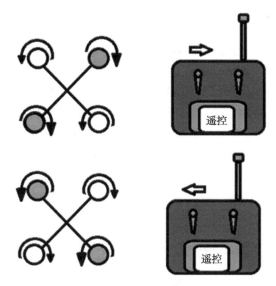

图 6-3　偏航杆移动时的电机效果

当在 X 轴和 Y 轴（横滚和俯仰杆）中移动前进控制杆时，应该注意，两个电机在它们的相反方向上占主导地位（后方与正面，左方与右侧）。目的是，如果想向右移动并且行为与图中所示相反，那么命令是反向的，并且必须更改关联通道的符号。请参见图 6-4。

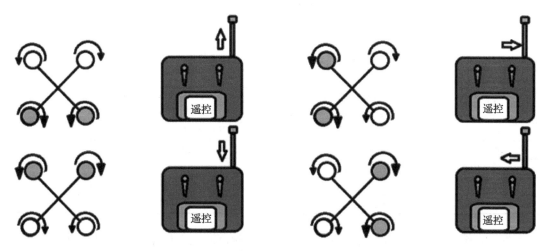

图 6-4　移动横滚和俯仰杆时的电机效果

前面的步骤用于校准遥控器。现在，你需要找到每个 BLDC 的起始值：

A）组装一个空气摆锤（悬浮质量是 BLDC 电机的固体摆锤）。请参阅 http://aeropendulum.arizona.edu/ 来指导你自己的设计。

B）电机到摆锤中心的距离应与四轴飞行器的臂相同。

C）增加的重量必须等于组装好的无人机（包括电机）重量的四分之一。

D）使用键盘（Arduino 的键盘或 Pixhawk 的键盘，如前所述）加载用于测试电机的代码文件之一。

E）记下每个电机开始旋转时达到的值以及抬高摆锤所需的值（更具体地说，在无运动的范围内将 PWM 单位逐个增加，并记下开始提升的单位）。不要将该值与电机开始旋转的值混淆（大多数电机约为 1100）。但是，最好为每个电机记录两个值。

此时，要发送到电机的代码具有两组值。以后，可以使用这些值去开发半自动操作：一个与远程控制相关的值（需要用户手动干预），以及确保无人机至少能够起飞的最小起升值。

接下来，将设计其他重要值：姿态控制、高度控制和平面位置，这将提供自动操作。

6.1 多轴飞行器的基本建模

尽管简化了本节，但是如果没有一定的数学基础，请阅读"分配矩阵"部分，因为它不管在无人机还是任何交通工具的总体编程中都起着至关重要的作用。

1）参考坐标系：第一步涉及确定执行多轴飞行器建模的三个参考坐标系：基础坐标系、世界坐标系、全局坐标系或惯性坐标系，取决于参考的来源。这是为无人机运动设定的全局参考。它可以是房间的中心、给定的角落、着陆平台等。

车身、局部、移动、交通工具或非惯性坐标系都取决于参考的来源。通常将局部参考坐标系放置在无人机重心的大致位置上。表 6-1 中列出了一些建立局部坐标系的标准。

表 6-1　常用车身坐标系的选择标准

车身坐标系的定位点	标　准
几何中心	当具有较高的径向对称性并且重量或多或少地与其径向中心保持平衡时使用。同样，在缓慢移动可忽略的质量时也可以使用。该中心常用于手推车轮式机器人
质心	当形状或惯性以平稳变化的速度改变（例如，慢速四足步行机器人）时使用
重心	当形状或惯性随速度的突然变化而变化（例如，过山车或特技四轴飞行器）时使用
浮选中心	用于水上交通工具
压力中心	可用于高空气动力学变化的飞行器或物体（例如湍流条件下的射弹或飞机）
基点	与锚定的物体一起使用，例如固定在地面或重物上的机械臂的基座

推进、螺旋桨、电机或引擎坐标系是描述每个螺旋桨或电机的推力和扭矩的参考坐标系。注意：每辆车都有一个推进架。对于轮式机器人，它称为轮架。

所有坐标系都按以下方式关联，参见图 6-5。

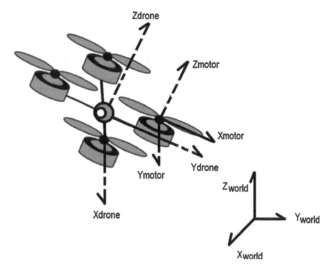

图 6-5 四轴飞行器坐标系

推进坐标系表明每个螺旋桨的推力和扭矩将如何影响重心,并将其等效作用传递到重心。

一旦它传递了所有电机的等效动态效果,车身坐标系将与基础坐标系相关联,贯穿整个运动过程。

2)推进矩阵:也称为分配矩阵、混合器或速度之间的矩阵关系(执行器的速度相对于分析中心的速度)。它在重心(或任何其他中心,但它最适合设计和控制飞行器)与螺旋桨和电机(三轴飞行器、八轴飞行器等)产生的影响之间建立动态连接。其目的是建立设计力和力矩之间的关系(请记住,在三维笛卡儿空间中只有三个力和三个力矩),并且这些力分别发送给电机。因此,在车身坐标系中进行分析。

为了更好地了解推进矩阵的重要性,让我们分析以下数据。在图 6-6 中,请注意每个叶片的推力如何移动到螺旋桨的中心,从而产生一个中心推力加上一个取决于螺旋桨半径的中心扭矩(请注意,只要叶片平衡良好,就可以取消水平力)。

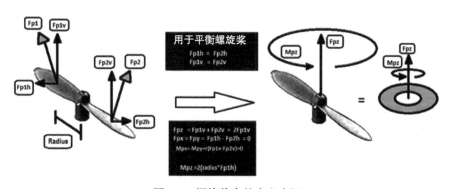

图 6-6 螺旋桨中的力和力矩

让我们对朝向无人机中心的每个螺旋桨重复这个过程。请注意，每个螺旋桨的推力和扭矩均作为推力，并在飞行器中心产生三对扭转。还要注意，X 和 Y 方向上的力等于零（类似地，假设螺旋桨和飞行器平衡良好，并且这些作用相互抵消，那么这些相同轴上的扭矩也一样）。参见图 6-7。

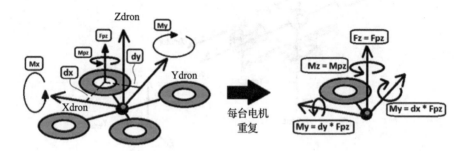

图 6-7 多轴飞行器体内的力和力矩

如果通过矩阵表达这个图形推导，则其中 m 代表每个电机的速度。必须记住，电机的推力和扭矩与该速度成比例。

$$\begin{bmatrix} F_x \\ F_y \\ F_z \\ \tau_x \\ \tau_y \\ \tau_z \end{bmatrix} = \begin{bmatrix} F_x \\ F_y \\ F_z \\ \tau_\phi \\ \tau_\theta \\ \tau_\psi \end{bmatrix} = P_{6xn} \begin{bmatrix} m_1 \\ m_2 \\ m_3 \\ \vdots \\ m_n \end{bmatrix}_{nx1}$$

分配矩阵是系统控制器的理论设计与任务的实际执行之间的链接。一旦扭矩和力转移到无人机或飞行器的关注中心，就足以执行以下操作来对每个电机进行编程：

$$\begin{bmatrix} m_1 \\ m_2 \\ m_3 \\ \vdots \\ m_n \end{bmatrix}_{nx1} = P^{-1} \begin{bmatrix} F_x \\ F_y \\ F_z \\ \tau_x \\ \tau_y \\ \tau_z \end{bmatrix}$$

从这里你可以注意到四个问题：

A）最重要的问题是考虑了电机与重心的相互作用，但没有考虑电机之间的相互作用（地面效应、涡流、吸力等）。在大多数情况下，这被设计忽略或最小化。我们将在本书中假设忽略这些相互作用，但是这个问题应该在专门的设计或任务或者那些在物体附近执行的设计中被考虑和探索。

B）当电机的数量大于或小于笛卡儿迁移率时，会出现计算优化和伪逆问题。在四轴飞行器的情况下，这些问题可以通过设置任务依赖而很好地解决，其中横滚角和俯仰角的稳定度成为 XY 平面稳定度的依赖性，这将在稍后的控制设计部分中看到。但是，对于只有四种可能的运动和六个马达的六轴飞行器，这会转化为计算问题。

C）如果有矢量化方法（如附录 7 中所述的方法），则推进矩阵的值不是恒定的，更重要的是，值取决于电机本身。这就要求分配矩阵永久地重新计算。

D）某些交通工具的电机，尤其是飞行器的电机仅接受正运行值，而具有相同推进矩阵的力和乘积通常为负和正，因此必须使用偏差值（也称为平移值）。

根据 B 点和 XY 平面任务以及横滚和俯仰的相互依赖关系，四轴飞行器类无人机的整体推进方程为（具体版本将在以下段落中定义）：

$$\begin{bmatrix} F_z \\ \tau_\phi \\ \tau_\theta \\ \tau_\psi \end{bmatrix} = P_{4x4} \begin{bmatrix} m_1 \\ m_2 \\ m_3 \\ m_4 \end{bmatrix}$$

上一段中所述的内容也得到了支持，因为车身坐标系中只有一个推力和三个扭矩。这样，其他两个推力（在 XY 平面上）取决于横滚、俯仰和偏航扭矩。

注意　所有移动机器人系统都具有分配、推进或混合矩阵。叶轮的类型（螺旋桨、轮、腿、涡轮等）是唯一的变化因素。但是，该矩阵始终将叶轮与交通工具中的某个关注点（质心、重心、几何中心、浮选中心等）相关联。

分配矩阵的计算受以下因素影响：

A）电机的几何形状配置（即，电机相对于位于无人机参考中心的坐标系放置电机的方式）。

B）坐标系在无人机参考中心的位置。在这种情况下，定义每个轴的名称及其方向非常重要。

C）电机的编号分配。

D）电机的旋转方向。

E）姿态角的正向旋转方向（可以通过遵循右手或左手规则来分配，也可以简单地以顺时针或逆时针旋转来分配正向旋转）。

F）对称性。

现在，将看到一个指导示例，说明如何在简化的 + 型四轴飞行器中获得推进矩阵。由于大多数四轴飞行器都是 x 型，因此我们简化了该示例。将使用 x 型无人机重复该示例，或查阅参考资料中的 Quan Quan 撰写的著作。

　　步骤 1：建立对称性。这会影响车身框架的放置方式，以及电机如何影响某些运动。根据自动驾驶仪的引导标记执行，该标记指示来自 IMU 传感器的偏航角或其他型号的指南针的磁北为零基准。参见图 6-8。

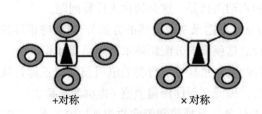

图 6-8　获取推进或分配矩阵的第 1 步

　　步骤 2：为每个电机分配一个编号。这甚至会影响电机与自动驾驶仪的连接方式。请参见图 6-9。

　　步骤 3：选择电机的旋转方向。请记住，为了不产生自转效果，无人机的一半电机必须沿顺时针方向转动，另一半电机必须沿逆时针方向转动（当处理带有奇数电机的交通工具时，其中一个用作矢量化器。请参见有关推力矢量的附录）。通常，有几种方法可以实现此目的，但最常见的是对角线序列（见图 6-10）。在一些效率研究中，电机必须具有特定的旋转方向。此外，你可以自由实验。但是，在这个示例中，为了一定程度的标准化，我们将选择如图 6-10 所示的旋转方向。

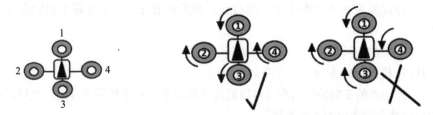

图 6-9　获取推进或分配矩阵的第 2 步　　　图 6-10　获取推进或分配矩阵的第 3 步

　　步骤 4：选择几何配置。在这种情况下，将臂放在与飞行器中心相同的距离处，与其成直角（0 和 90 度），并处于相同的高度。不等的距离、不同的角度、或明显不同的高度对推进矩阵的改变相当大。不过,如果差异不大,则不会影响飞行器的运行。见图 6-11。

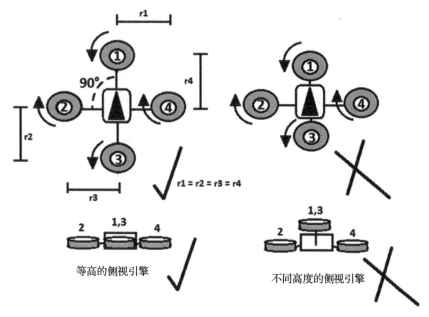

图 6-11 获取推进或分配矩阵的第 4 步

步骤 5:放置无人机的坐标框架(即车身框架)并标记轴。这会影响飞行器的运动和控制设计。选择将取决于对遥控杆的测试。请参见图 6-12。

步骤 6:关联旋转框架及其旋转方向。在本示例中,将使俯仰与无人机的 X 轴,横摇与 Y 轴以及偏航与 Z 相关联。平面轴 X 和 Y 旋转的正方向是其移动的方向无人机倾斜时朝向轴的正区域。Z 轴的旋转方向是自由的,但通常使用右手定则。(将右手拇指指向与关注轴相同的方向。其余手指指向握紧拳头的方向是旋转的正方向)。正如前一步会影响无人机的运动和控制一样,这也将取决于遥控器的操纵杆测试。因此,如果操纵杆相对于期望的运动

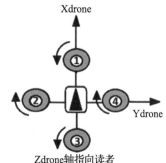

图 6-12 获取推进或分配矩阵的第 5 步

倒转,则必须修改建议的旋转方向。注意,所提出的情况随全向飞行器的设计而变化,并且根据右手规则选择所有旋转轴很方便。请参阅图 6-13。

步骤 7:回答以下问题。

1)哪些电机可在无人机的 X 轴上提供直接位移?

在这种情况下,没有,$F_x = 0$,因为通过良好的平衡,每个螺旋桨仅传递垂直力和扭矩。

还可以假设无人机平衡良好，这意味着无人机的整体质量集中在放置自动驾驶仪参考标记且其臂具有相同长度的几何中心。请参阅图6-14。

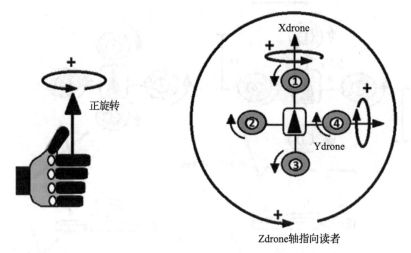

图6-13　获取推进或分配矩阵的第6步

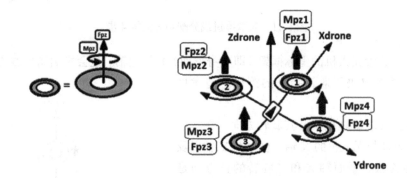

图6-14　步骤7.1和7.2获取推进或分配矩阵

2）哪些电机在无人机的Y轴上提供直接位移？

没有，$F_y = 0$，因为通过良好的平衡，每个螺旋桨仅传递垂直力和扭矩。还可以假设无人机平衡良好，这意味着整个质量都集中在飞机的中心和自动驾驶仪的参考标记上，其臂长相同。请参阅图6-14。

3）哪些电机在无人机的Z轴上提供直接位移？

在这种情况下，它们全部都是 $F_z = \omega_1 + \omega_2 + \omega_3 + \omega_4$。请参阅图6-15。

4）哪些电机在无人机的X轴上提供了倾斜度，使其沿Y轴的正向倾斜位移？（请注意，此类无人机在X轴上的倾斜度间接导致Y轴的位移）。

增加 ω_2 并减少 ω_4，这意味着 $\tau_x = \omega_2 - \omega_4$。请参阅图6-16。

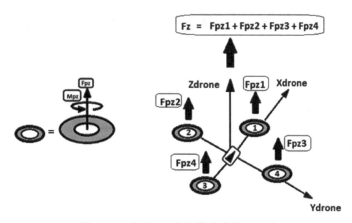

图 6-15　步骤 7.3 获取推进或分配矩阵

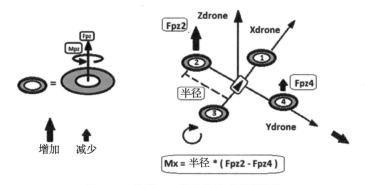

图 6-16　步骤 7.4 获取推进或分配矩阵

5）哪些电机在无人机的 Y 轴上提供倾斜度，使其沿 X 轴的正向倾斜位移？（请注意，对于这种类型，X 轴的位移是由无人机在 Y 轴上的倾斜间接产生的）。请参见图 6-17。

增加 ω_3，减少 ω_1，这意味着 $\tau_y=\omega_3-\omega_1$。

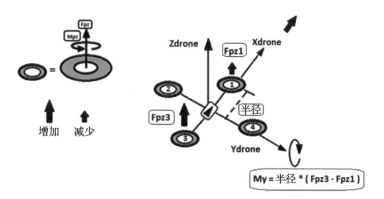

图 6-17　步骤 7.5 获取推进或分配矩阵

6）哪些电机在无人机的 Z 轴上起作用，使其沿偏航的正方向旋转？

增加 ω_1 和 ω_3，并用 ω_4 减少 ω_2，因此 $\tau_z=\omega_1+\omega_3-\omega_2-\omega_4$。请参阅图 6-18。

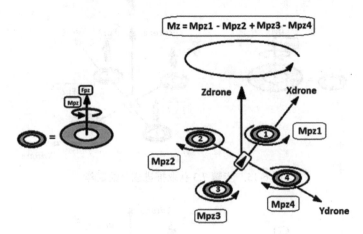

图 6-18　步骤 7.6 获取推进或分配矩阵

请记住，如果通过操纵杆使这种现象反转，则在远程控制测试中，更改轴的信号也必须反转。

步骤 8：将以矩阵形式获得的方程式分组。

$$F_x = 0$$
$$F_y = 0$$
$$F_z = \omega_1 + \omega_2 + \omega_3 + \omega_4$$
$$\tau_x = \omega_2 - \omega_4$$
$$\tau_y = \omega_3 - \omega_1$$
$$\tau_z = \omega_1 + \omega_3 - \omega_2 - \omega_4$$

$$
\begin{bmatrix} F_x \\ F_y \\ F_z \\ \tau_x \\ \tau_y \\ \tau_z \end{bmatrix}
=
\begin{bmatrix}
0 & 0 & 0 & 0 \\
0 & 0 & 0 & 0 \\
1 & 1 & 1 & 1 \\
0 & 1 & 0 & -1 \\
-1 & 0 & 1 & 0 \\
1 & -1 & 1 & -1
\end{bmatrix}
\begin{bmatrix} \omega_1 \\ \omega_2 \\ \omega_3 \\ \omega_4 \end{bmatrix}
$$

一旦简化，这将导致

$$
\begin{bmatrix} F_z \\ \tau_x \\ \tau_y \\ \tau_z \end{bmatrix}
= P_{4x4}
\begin{bmatrix} m_1 \\ m_2 \\ m_3 \\ m_4 \end{bmatrix}
=
\begin{bmatrix}
1 & 1 & 1 & 1 \\
0 & 1 & 0 & -1 \\
-1 & 0 & 1 & 0 \\
1 & -1 & 1 & -1
\end{bmatrix}
\begin{bmatrix} \omega_1 \\ \omega_2 \\ \omega_3 \\ \omega_4 \end{bmatrix}
$$

为了记住正确选择分配矩阵的重要性，请注意前面的示例，其中有四种可能的方式可以对电机编号，可以通过两种方式选择旋转方向，还可以通过 24 种方式选择正 XYZ 轴以及至少六种选择飞机正转轴的方法。这样，根据组合理论，仅对于这种类型的无人机，才有几种选择分配矩阵的可能性，只有一种是正确的。如果选择错误，无人机将出现错误甚至灾难性的行为。

6.2　第二个例子：双轴飞行器（同轴电机分析）

双轴飞行器或 PVTOL（平面垂直起降）是一种无人机，设计只沿垂直 Z 轴和水平 Y 轴移动。一个真正的双轴飞行器可以在所有的三维空间中移动，但是为了防止在 X 轴上前后移动，让我们来分析以下同轴电机的例子，同轴电机是作为耦合电机出售的，它们共享同一个轴，但旋转方向相反。见图 6-19。

$$\omega_2 = -\omega_3$$
$$\omega_1 = -\omega_4$$

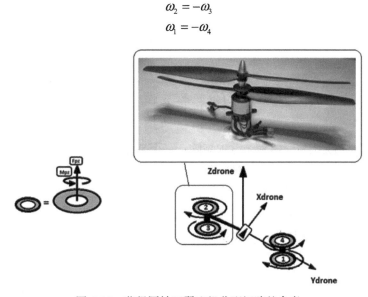

图 6-19　获得同轴双翼飞机分配矩阵的参考

这样，由于旋转方向相反，推力被复制而扭矩被取消。如果应用这些标准并分析，假设只有一个右电机和一个左电机，将得到以下结果：

$$F_x = 0$$
$$F_y = 0$$
$$F_z = 2(\omega_2 + \omega_4)$$
$$\tau_x = 2(\omega_2 - \omega_4)$$
$$\tau_y = 0$$
$$\tau_z = 0$$

请记住，X 上的扭矩是在无人机 X 轴上必不可少的倾斜，以便它在无人机的正 Y 轴上前进。在这种情况下，这是通过提高电机 2 的速度并降低电机 4 的速度来实现的。在无人机的 Y 轴上没有直接位移，而只能通过在其 X 轴上倾斜来实现。

通过以矩阵形式对方程分组并省略乘数 2，你可以获得

$$\begin{bmatrix} F_x \\ F_y \\ F_z \\ \tau_x \\ \tau_y \\ \tau_z \end{bmatrix} = \begin{bmatrix} 0 & 0 \\ 0 & 0 \\ 1 & 1 \\ 1 & -1 \\ 0 & 0 \\ 0 & 0 \end{bmatrix} \begin{bmatrix} \omega_2 \\ \omega_4 \end{bmatrix}$$

一旦简化，这将导致

$$\begin{bmatrix} F_z \\ \tau_x \end{bmatrix} = \begin{bmatrix} 1 & 1 \\ 1 & -1 \end{bmatrix} \begin{bmatrix} \omega_2 \\ \omega_4 \end{bmatrix}$$

请记住

$$\begin{bmatrix} \omega_3 \\ \omega_1 \end{bmatrix} = \begin{bmatrix} -\omega_2 \\ -\omega_4 \end{bmatrix}$$

因此，对于同轴无人机，有两个分配矩阵：一个是作用矩阵，将电机对无人机中心的影响关联起来；另一个是反对矩阵，它处理复制电机，也就是用来补偿不需要的自转效应的电机。

虽然力和力矩在大小上是重复的，但由于这是一个可以由控制器调整的简单比例因子，因此忽略了这一点。

注意，仅用一半的电机进行了无人机中心的控制分析。仅在复制电机（在此情况下为 1 和 3）与动作电机（在此情况下为 2 和 4）不相距很远的情况下才可以这样做。

请注意，推进力或分配矩阵的作用部分类似于差动轮式机器人。

如果没有同轴系统的复制电机，则如果提高电机 2 的速度并降低电机 4 的速度，除了无人机 X 轴上的扭矩外，Z 轴上也将有扭矩。参见图 6-20。

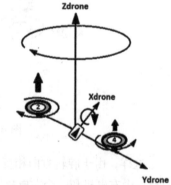

图 6-20 获取非同轴双翼飞机分配矩阵的参考

因此，将拥有一个不同的系统（记住无人机 Z 轴的右侧旋转标准）：

$$\begin{bmatrix} F_z \\ \tau_x \\ \tau_z \end{bmatrix} = \begin{bmatrix} 1 & 1 \\ 1 & -1 \\ -1 & 1 \end{bmatrix} \begin{bmatrix} \omega_2 \\ \omega_4 \end{bmatrix}$$

这意味着一个伪逆问题，因此意味着一个更复杂的计算优化问题。请注意，与具有更多引擎并且只有四个可能的独立运动的六轴飞行器不同，在这种情况下，如果电机数量少于可行的运动（只有两个电机要与三个可能的独立运动一起使用），这会导致欠驱动机器人问题。

Pixhawk 推荐的 X 型多旋翼的推进矩阵如图 6-21 所示。Pixhawk 开发人员建议使用以下四轴飞行器（注意电机编号及其旋转方向，以及与自动驾驶仪的连接）。请注意，X 配置是较适合的，因为四个电机的作用涉及所有轴，并且功率的分配比 + 配置更为均匀（再看一下 + 配置，观察在某些动作中只有两个电机处于活动状态）。

你可以根据显示的运动准则（由与遥控器操纵杆的兼容性并根据 X 上的位移取反来确定），自行推论与此无人机相关的推进力或分配矩阵。请参阅图 6-22。

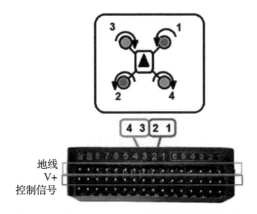

图 6-21　获取 Pixhawk X 型四轴飞行器分配矩阵的参考

图 6-22　积极进展的参考资料（对你来说可能有所不同）

上述分配矩阵如下所示（2/2 的平方根项是每个臂上的近似 45 度角及其各自的正弦和余弦投影的结果）：

$$
\begin{bmatrix} F_z \\ \tau_x \\ \tau_y \\ \tau_z \end{bmatrix} = \begin{bmatrix} 1 & 1 & 1 & 1 \\ \dfrac{-\sqrt{2}}{2} & \dfrac{\sqrt{2}}{2} & \dfrac{\sqrt{2}}{2} & \dfrac{-\sqrt{2}}{2} \\ \dfrac{\sqrt{2}}{2} & \dfrac{-\sqrt{2}}{2} & \dfrac{\sqrt{2}}{2} & \dfrac{-\sqrt{2}}{2} \\ 1 & 1 & -1 & -1 \end{bmatrix} \begin{bmatrix} \omega_1 \\ \omega_2 \\ \omega_3 \\ \omega_4 \end{bmatrix}
$$

例如，对于 3 号电机，请参见图 6-23。

请记住，扭矩和推力是电机速度的一部分。此外，与手臂距离相关的径向项也已归一化（通过其他手臂的对称性将其视为值 1，因为该值可以通过控制直接克服，所以不必在计算过程中将其拖动）。还要注意，电机速度与螺旋桨推力之间的比例常数是标准化的。这是因为在几乎所有方程项中它都是常数。但是，作为有兴趣的读者，应该采用更正式的方式来计算或估算它：

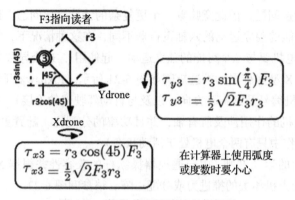

图 6-23   推导分配矩阵的几何解释

$$F_3 \approx \kappa\omega_3 \qquad \kappa \approx 1 \quad r_3 \approx 1$$

$$\tau_{x3} \approx \frac{\sqrt{2}}{2}\omega_3 \qquad \tau_{y3} \approx \frac{\sqrt{2}}{2}\omega_3$$

请记住，必须为每个电机重复此过程，结果实际上是每个电机的组件之和。

规范化是编程和控制中非常常见的过程。它包括获得给定值的符号，该值被转换为 1、−1 或 0，并且仅在该给定值为常数，呈现高对称性和 / 或由多个项共享的条件下执行方程组。这样，你可以假定控件可以在事先不知其存在的情况下吸收它。标准化的目的是减少在一系列计算期间要拖动的项，以使其更简单。

还可以对幅度进行归一化（通过将其近似为 1 来实现，因为它会出现在等式的很多项中，并且因 $\sqrt{2}$ 除以 2 的值约为 0.707，可以四舍五入为 1，所以不能总是做到这一点，但是在本示例中是通过对称完成的，并根据控件的效果进行舍入，你将在后面看到）。

$$\begin{bmatrix} F_z \\ \tau_x \\ \tau_y \\ \tau_z \end{bmatrix} = \begin{bmatrix} 1 & 1 & 1 & 1 \\ -1 & 1 & 1 & -1 \\ 1 & -1 & 1 & -1 \\ 1 & 1 & -1 & -1 \end{bmatrix} \begin{bmatrix} \omega_1 \\ \omega_2 \\ \omega_3 \\ \omega_4 \end{bmatrix}$$

这样，必须应用于每个电机的混合器如下。（注意，幅度也被省略。从数学上讲，这相当于应用符号函数。）

$$\begin{bmatrix} \omega_1 \\ \omega_2 \\ \omega_3 \\ \omega_4 \end{bmatrix} = signum \left(\begin{bmatrix} 1 & 1 & 1 & 1 \\ -1 & 1 & 1 & -1 \\ 1 & -1 & 1 & -1 \\ 1 & 1 & -1 & -1 \end{bmatrix}^{-1} \begin{bmatrix} F_z \\ \tau_x \\ \tau_y \\ \tau_z \end{bmatrix} \right)$$

当开发为矩阵时，它是

$$
\begin{bmatrix} \omega_1 \\ \omega_2 \\ \omega_3 \\ \omega_4 \end{bmatrix} = \begin{bmatrix} 1 & -1 & 1 & 1 \\ 1 & 1 & -1 & 1 \\ 1 & 1 & 1 & -1 \\ 1 & -1 & -1 & -1 \end{bmatrix} \begin{bmatrix} F_z \\ \tau_x \\ \tau_y \\ \tau_z \end{bmatrix}
$$

为了降低计算复杂度，将其以发达的方式写入电机：

$$
\begin{bmatrix} \omega_1 \\ \omega_2 \\ \omega_3 \\ \omega_4 \end{bmatrix} = \begin{bmatrix} -\tau_x + \tau_y + \tau_z + F_z \\ \tau_x - \tau_y + \tau_z + F_z \\ \tau_x + \tau_y - \tau_z + F_z \\ -\tau_x - \tau_y - \tau_z + F_z \end{bmatrix}
$$

发生或需要非零偏航变化的情况下的推进矩阵，以及平面多轴飞行器的一般情况。

现在，假设想要一架无人机沿着一条直线飞行，但是风试图使其偏转。请参阅图 6-24。

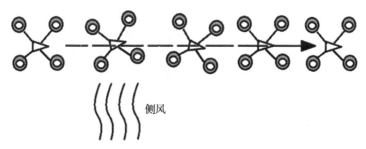

图 6-24　偏航变量会修改分配矩阵或控制组件的问题

有两种选择：

A）可以使用基本分配矩阵，就像已经看到的那样，但是在各个扭矩中引入了投影项，这对于控制演示很有用。

$$
\begin{bmatrix} F_z \\ \tau_\phi \\ \tau_\theta \\ \tau_\psi \end{bmatrix} = P_{4x4} \begin{bmatrix} m_1 \\ m_2 \\ m_3 \\ m_4 \end{bmatrix}
$$

$$
\begin{bmatrix} F_z \\ \tau_\phi \sin\psi - \tau_\theta \cos\psi \\ \tau_\phi \cos\psi + \tau_\theta \sin\psi \\ \tau_\psi \end{bmatrix} = P_{4x4} \begin{bmatrix} m_1 \\ m_2 \\ m_3 \\ m_4 \end{bmatrix}
$$

B）除了使用恒定的推进矩阵之外，还可以使用取决于所测偏航角并采用以下形式的通用版本。请参见图 6-25。

$$
\begin{bmatrix} F_z \\ \tau_\phi \\ \tau_\theta \\ \tau_\psi \end{bmatrix} = P(\psi)_{4x4} \begin{bmatrix} m_1 \\ m_2 \\ m_3 \\ m_4 \end{bmatrix}
$$

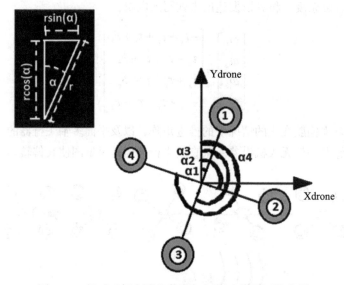

图 6-25   相对于每个臂的角度如何影响分配矩阵分量

$$
\begin{bmatrix} F_z \\ \tau_x \\ \tau_y \\ \tau_z \end{bmatrix} = \begin{bmatrix} 1 & 1 & 1 & 1 \\ A_y r_1 \cos(\alpha_1) & A_y r_2 \cos(\alpha_2) & A_y r_3 \cos(\alpha_3) & A_y r_4 \cos(\alpha_4) \\ A_x r_1 \sin(\alpha_1) & A_x r_2 \sin(\alpha_2) & A_x r_3 \sin(\alpha_3) & A_x r_4 \sin(\alpha_4) \\ R_h & R_h & R_h & R_h \end{bmatrix} \begin{bmatrix} \omega_1 \\ \omega_2 \\ \omega_3 \\ \omega_4 \end{bmatrix}
$$

请参见表 6-2。

表 6-2   在偏航相关的分配矩阵中分配的条件和可能的值[○]

条　件	值
电机按照右手定则旋转	Rh = 1（Rh 表示"右手"）
电机的旋转方向与右手定则相反	Rh =-1
电机必须提高速度才能在正 Y 轴上前进	Ay = 1（Ay 表示"沿 Y"）
电机必须降低速度才能在正 Y 轴上前进	Ay =-1
电机必须提高速度才能在正 X 轴上前进	Ax = 1（Ax 表示"沿 X"）
电机必须降低速度才能在正 X 轴上前进	Ax=-1

○ 正确使用索引应该是正确的 Ay1，Ay2，直到 Ayn。相同的原理也适用于 Ax 和 Rh。由于变量适用于每个
电机，如果过多使用不同的索引，则会失去可读性。另外，请注意，投影可能会有所不同，具体取决于哪
个轴称为 X 和哪个轴称为 Y。

对于此示例，假设仅电机 1 和 3 遵循右手定则旋转。将半径归一化为 1 以使其对称，并使用以下对称四轴飞行器角度的定义：

$$\alpha_1 = \psi$$
$$\alpha_2 = \psi + 90$$
$$\alpha_3 = \psi + 180$$
$$\alpha_4 = \psi + 270$$

这样，通过替换指示的条件和值，"通用"方程变为如下（请记住，三角项将取决于你如何定义无人机的参考轴）：

$$\begin{bmatrix} F_z \\ \tau_x \\ \tau_y \\ \tau_z \end{bmatrix} = \begin{bmatrix} 1 & 1 & 1 & 1 \\ -\cos(\psi) & \cos(\psi+90) & \cos(\psi+180) & -\cos(\psi+270) \\ -\sin(\psi) & -\sin(\psi+90) & \sin(\psi+180) & \sin(\psi+270) \\ 1 & -1 & 1 & -1 \end{bmatrix} \begin{bmatrix} \omega_1 \\ \omega_2 \\ \omega_3 \\ \omega_4 \end{bmatrix}_{**}$$

** 注意 还需要建立一个象限逻辑（可能是 arctan 函数）来定义电机何时应该提高转速以及何时降低转速，也就是说，将每个 Ax 和 Ay 定义为偏航角和偏航基准值的函数。但是，这里省略了这一点，因为选择对于平面的一个象限（大约 90 度）上的移动是有效的，这仅在不希望超出此移动范围时才有用。

尽管在数学上是等效的，但第一种形式（基于控件的投影）更有效，因为向量值会更新，而在第二种形式中，矩阵必须不断更新并执行要求很高的矩阵运算（例如逆运算）。这也可能导致获得奇异矩阵或不定值。

但是，我们在本书中向你展示第二种选择，因为这是计算多轴飞行器分配矩阵项的通用方法（请参见参考资料部分中 Quan Quan 的著作）。

6.3　速度运动学关系

在这里，施加了运动学（运动）限制，并直接使全局框架和局部框架相互关联。这些方程是找到动态方程的先决条件和必要条件。

首先要建立一个约定，关于哪些角度将与哪些平面轴相关。在这种情况下，将遵守推进矩阵的约定（这是与 Y 轴成的 tetha 角或俯仰，与 X 轴成 fi 角或横滚）。

第二个是设置欧拉角的顺序。在这种情况下，让我们使用 ZYX 作为建议的序列进行一定程度的标准化。但是，可以自由选择适合自己的模型（不要忘记这会影响你的方程式，并且应修改本书中显示的结果以适合选择的模型）。

$$R = R_{z_\psi} R_{x_\phi} R_{y_\theta}$$

$$R = \begin{bmatrix} c\psi c\theta - s\phi s\psi s\theta & -c\phi s\psi & c\psi s\theta + s\phi s\psi c\theta \\ s\psi c\theta + s\phi c\psi s\theta & c\phi c\psi & s\psi s\theta - s\phi c\psi c\theta \\ -c\phi s\theta & s\phi & c\phi c\theta \end{bmatrix}$$

请记住在任何线性代数书或相关网页上查阅有关旋转矩阵和旋转序列的主题。另外，还要记住，在机器人领域，符号 c＊、s＊、t＊ 等分别是 cos（＊）、sin（＊）和 tan（＊）的缩写。

这样，平移速度之间的关系就很简单了。

$$\begin{bmatrix} \dot{x} \\ \dot{y} \\ \dot{z} \end{bmatrix} = R \begin{bmatrix} \dot{x}_b \\ \dot{y}_b \\ \dot{z}_b \end{bmatrix}$$

注意：获得的 R 矩阵对于以后建立无人机框架和整体框架中的推力之间的关系也将很有用。

一旦建立了框架和平移速度之间的关系，就必须建立角速度之间的关系。通过使用欧拉角对刚体的三维运动学进行分析，可以做到这一点（请参见参考资料部分中的 Beer 和 J 编写的 *Dynamics*）。这也称为准速度关系，可以通过几何上的、矢量连续的以及通过旋转矩阵的特性来获得。可以在网上搜索 "欧拉角角速度"。

在使用我们的约定或自己的约定时，必须小心，因为建立欧拉角的顺序将定义两种运动学关系。实际上，要在不使用几何结构而是进行解析运算的情况下找到它们，则需要以下方程式（注意，它取决于用于平移运动关系的旋转矩阵）：

$$\dot{R} = \frac{dR}{dt} = \omega \times R = \hat{\omega} R = \begin{bmatrix} 0 & -\omega_{zB} & \omega_{yB} \\ \omega_{zB} & 0 & -\omega_{xB} \\ -\omega_{yB} & \omega_{xB} & \end{bmatrix} R$$

因此，可以用旋转矩阵的逆找到 p、q 和 r 的项，然后求解相应的项：

$$\begin{bmatrix} 0 & -\omega_{zB} & \omega_{yB} \\ \omega_{zB} & 0 & -\omega_{xB} \\ -\omega_{yB} & \omega_{xB} & \end{bmatrix} = \dot{R} R^{\mathrm{T}}$$

关键字：矢量角速度，表示为反对称矩阵乘积（斜矩阵）的叉积，旋转矩阵的逆。

注意，当飞行趋于平缓并且因此角度变化较小时，局部框架相对于整体框架的速度关系趋于简单的等价（小角度的近似）。这就是为什么要执行具有高角度变化（特技）的飞行模式时必须充分修改此部分的原因。

$$\begin{bmatrix} p \\ q \\ r \end{bmatrix} = \begin{bmatrix} c\theta & 0 & -c\phi s\theta \\ 0 & 1 & s\phi \\ s\theta & 0 & c\phi c\theta \end{bmatrix} \begin{bmatrix} \dot{\phi} \\ \dot{\theta} \\ \dot{\psi} \end{bmatrix}$$

$$\begin{bmatrix} p \\ q \\ r \end{bmatrix} = \begin{bmatrix} 1 & 0 & 0 \\ 0 & 1 & 0 \\ 0 & 0 & 1 \end{bmatrix} \begin{bmatrix} \dot{\phi} \\ \dot{\theta} \\ \dot{\psi} \end{bmatrix}$$

6.3.1 动态平移方程

这包括使牛顿第二定律适应旋转的框架（飞机推力与飞机姿态成比例地改变其作用）。为了方便读者并实现与传感器的兼容性，此操作在固定的框架中进行（无人机的平移相对于世界进行了测量）。

基本方程对应于牛顿第二定律的方程：

$$F = ma$$

然后用位置表示该方程式，要记住加速度等于位置的二阶导数。请注意，使用牛顿符号来重写导数。这样做是出于方便的原因，并且经常在动态系统和控制理论中找到。

$$F = ma = m\frac{d^2\xi}{dt^2} = m\ddot{\xi}$$

如果现在考虑三维笛卡儿空间位置，你会注意到使用了一个向量，其分量为 X、Y 和 Z 轴。请注意，这是为四轴飞行器的建模假设点质量的概念，由于其高度对称性。

$$\begin{bmatrix} F_x \\ F_y \\ F_z \end{bmatrix} = F = m\ddot{\xi} = m\begin{bmatrix} \ddot{x} \\ \ddot{y} \\ \ddot{z} \end{bmatrix}$$

当添加自由落体的概念（即添加重力分量）时，请注意，该分量仅影响固定框架的 Z 轴。

$$F + \underline{mG} = m\ddot{\xi} \rightarrow \begin{bmatrix} F_x \\ F_y \\ F_z \end{bmatrix} + \begin{bmatrix} 0 \\ 0 \\ -mg \end{bmatrix} = m\begin{bmatrix} \ddot{x} \\ \ddot{y} \\ \ddot{z} \end{bmatrix}$$

请记住，位于固定框架中，你必须找到无人机或基础框架的力与固定框架的力之间的关系（力由无人机或基础框架产生，但是模型是由固定框架或世界创建的）。参见图 6-26。

图 6-26 需要旋转矩阵来联系世界框架和无人机框架的原因

$$F = \underline{R}F_B$$

当

$$F_{xB} = 0$$
$$F_{yB} = 0$$
$$F_{zB} = u$$

发生这种情况是因为无人机必须倾斜才能移动。必须通过基于欧拉角（横滚、俯仰和偏航）的旋转矩阵，应用一个矩阵来投影无人机在其惯性轴或固定框架中的唯一推力（沿其 Z 体轴。请参见 Bedford 的动力学）。

$$F + mG = m\ddot{\xi} \rightarrow RF_B + mG = m\ddot{\xi} = R\begin{bmatrix}0\\0\\u\end{bmatrix} + \begin{bmatrix}0\\0\\-mg\end{bmatrix} = m\begin{bmatrix}\ddot{x}\\\ddot{y}\\\ddot{z}\end{bmatrix}$$

6.3.2　动态旋转方程

这是牛顿第二定律对旋转框架（欧拉第二运动定律）的适应。为了方便阅读器并实现与传感器的兼容性，此操作在车身框架中执行（传感器针对车身或无人机框架采取的旋转措施）。

尽管至少有三种方法可以找到这些方程，但本书将使用基于欧拉角的方法。要研究其他两种方法（一种基于旋转矩阵，另一种基于四元数），请在参考资料部分中找到"Quan Quan"书。

在谈论车身框架时，角速度比角度本身更容易获得，因为它们满足了所谓的非完整关系。实际上，它们是角速度运动关系的直接函数，将物体的角速度与固定框架的角速度联系起来（后者以欧拉角表示）。

这样，根据物体的角速度定义的欧拉运动方程为（注意，角速度的导数为角加速度）

$$J\dot{\omega} + \underline{\omega \times (J\omega)} = J\alpha + \omega \times (J\omega) = \tau$$

其中 **J** 是无人机的惯性矩阵（请记住，惯性是质量的旋转当量）。请注意，这相当于旋转运动中的牛顿第二定律。

项 $\omega \times (J\omega)$ 是离心力的矢量表示，其模块或标量表示为 $J\omega^2$。稍后，你会发现它通常会在你的应用中丢弃，但是如果你正在寻找激进的轨迹，则必须将其包含在设计中。

另请注意

$$\tau = \begin{bmatrix}\tau_p\\\tau_q\\\tau_r\end{bmatrix} \quad \omega = \begin{bmatrix}\omega_{xB}\\\omega_{yB}\\\omega_{zB}\end{bmatrix} = \begin{bmatrix}p\\q\\r\end{bmatrix}$$

我们使用 pqr 表示法，因为它在飞机领域非常普遍。

请注意，该方程式相对简单，并且不需要直接在车身上进行变换，因此不需要在其扭矩中使用变换或旋转矩阵。而且，由于它的对称性，它不涉及重力项（理想情况下，它是相对于平衡且呈十字形的无人机的中心完成的）。

有必要在欧拉角（与固定框架相对应，虽然测量是在车身框架中进行的，但要针对此框架设计所需的变量）与 pqr 变量（与车身框架相对应）之间建立关系。

如下（先前定义）：

$$\begin{bmatrix} \dot{\phi} \\ \dot{\theta} \\ \dot{\psi} \end{bmatrix} = A\omega = A \begin{bmatrix} p \\ q \\ r \end{bmatrix}$$

然后，声明该关系是非完整的，因为无法在所需变量中而是在速度中找到直接关系。

当角度较小且动作不激进时（小速度），

$$A = \begin{bmatrix} 1 & 0 & 0 \\ 0 & 1 & 0 \\ 0 & 0 & 1 \end{bmatrix}; \begin{bmatrix} \tau_p \\ \tau_q \\ \tau_r \end{bmatrix} \approx \begin{bmatrix} \tau_\phi \\ \tau_\theta \\ \tau_\psi \end{bmatrix}; \quad \omega \times (J\omega) \approx 0$$

前两个关系归因于小角度的三角特性。最后一个对应于以下事实：速度较小时，较小值的平方等于更小的值，因此可以忽略不计。

考虑到这些近似值，主旋转方程变得非常简单和常见：

$$J\dot{\omega} + \omega \times (J\omega) = \tau \rightarrow J \begin{bmatrix} \ddot{\phi} \\ \ddot{\theta} \\ \ddot{\psi} \end{bmatrix} = \begin{bmatrix} \tau_\phi \\ \tau_\theta \\ \tau_\psi \end{bmatrix}$$

这相当于直接根据固定框架执行方程式（请记住，它仅适用于平稳飞行，也就是说，在相对较低的速度且未达到过度倾斜的情况下，横滚和俯仰不超过 45 度）。

---

*有关两个坐标系的扩展版本以及首选使用所述坐标系的原因，请参见参考部分的 Jinhyun 等人写的文献。

总之，有一个动态的方程式系统来设计控件，一个运动学的方程式系统来限制要遵循的轨迹，一个力和转矩的分配方程式系统来对电机进行控制编程。参见图 6-27。

如果你希望在软模式下（即，倾斜角较小且不进行攻击性或特技操作）操作系统，如本书示例中所示，则方程组如图 6-28 所示：

总结起来，请参见表 6-3。

$$\begin{bmatrix} F_z \\ \tau_\phi \\ \tau_\theta \\ \tau_\psi \end{bmatrix} = P_{4x4} \begin{bmatrix} m_1 \\ m_2 \\ m_3 \\ m_4 \end{bmatrix} \quad \text{分配方程} \\ \text{理论与实践的联系}$$

$$R = \begin{bmatrix} c\psi c\theta - s\phi s\psi s\theta & -c\phi s\psi & c\psi s\theta + s\phi s\psi c\theta \\ s\psi c\theta + s\phi c\psi s\theta & c\phi c\psi & s\psi s\theta - s\phi c\psi c\theta \\ -c\phi s\theta & s\phi & c\phi c\theta \end{bmatrix} \quad \text{欧拉矩阵} \\ \text{固定的、车身框架关系}$$

$$\begin{bmatrix} \dot{x} \\ \dot{y} \\ \dot{z} \end{bmatrix} = R \begin{bmatrix} \dot{x}_b \\ \dot{y}_b \\ \dot{z}_b \end{bmatrix} \quad \text{平移运动学}$$

$$\omega = \begin{bmatrix} \omega_{xB} \\ \omega_{yB} \\ \omega_{zB} \end{bmatrix} = \begin{bmatrix} p \\ q \\ r \end{bmatrix} = \begin{bmatrix} c\theta & 0 & -c\phi s\theta \\ 0 & 1 & s\phi \\ s\theta & 0 & c\phi c\theta \end{bmatrix} \begin{bmatrix} \dot{\phi} \\ \dot{\theta} \\ \dot{\psi} \end{bmatrix} \quad \text{旋转运动学}$$

$$R \begin{bmatrix} 0 \\ 0 \\ u \end{bmatrix} + \begin{bmatrix} 0 \\ 0 \\ -mg \end{bmatrix} = m \begin{bmatrix} \ddot{x} \\ \ddot{y} \\ \ddot{z} \end{bmatrix} \quad \text{平移动力学}$$

$$J\dot{\omega} + \omega \times (J\omega) = \tau \quad \text{旋转动力学}$$

图 6-27　全套四轴飞行器非线性方程

$$\begin{bmatrix} F_z \\ \tau_\phi \\ \tau_\theta \\ \tau_\psi \end{bmatrix} = P_{4x4} \begin{bmatrix} m_1 \\ m_2 \\ m_3 \\ m_4 \end{bmatrix} \quad \text{分配方程} \\ \text{理论与实践的联系}$$

$$R = \begin{bmatrix} c\psi c\theta - s\phi s\psi s\theta & -c\phi s\psi & c\psi s\theta + s\phi s\psi c\theta \\ s\psi c\theta + s\phi c\psi s\theta & c\phi c\psi & s\psi s\theta - s\phi c\psi c\theta \\ -c\phi s\theta & s\phi & c\phi c\theta \end{bmatrix} \quad \text{欧拉矩阵} \\ \text{固定的、车身框架关系}$$

$$\begin{bmatrix} \dot{x} \\ \dot{y} \\ \dot{z} \end{bmatrix} = R \begin{bmatrix} \dot{x}_b \\ \dot{y}_b \\ \dot{z}_b \end{bmatrix} \quad \text{平移运动学}$$

$$\begin{bmatrix} p \\ q \\ r \end{bmatrix} = \begin{bmatrix} 1 & 0 & 0 \\ 0 & 1 & 0 \\ 0 & 0 & 1 \end{bmatrix} \begin{bmatrix} \dot{\phi} \\ \dot{\theta} \\ \dot{\psi} \end{bmatrix} \quad \text{旋转运动学}$$

$$R \begin{bmatrix} 0 \\ 0 \\ u \end{bmatrix} + \begin{bmatrix} 0 \\ 0 \\ -mg \end{bmatrix} = m \begin{bmatrix} \ddot{x} \\ \ddot{y} \\ \ddot{z} \end{bmatrix} \quad \text{平移动力学}$$

$$J \begin{bmatrix} \ddot{\phi} \\ \ddot{\theta} \\ \ddot{\psi} \end{bmatrix} = \begin{bmatrix} \tau_\phi \\ \tau_\theta \\ \tau_\psi \end{bmatrix} \quad \text{旋转动力学}$$

图 6-28　全套四轴飞行器线性姿态方程

表 6-3　恢复四轴飞行器，以及几乎所有其他交通工具的方程式

方程式	用　途
推进、分配或混合	编程（实践）和控制（理论）之间的联系。它在局部参考系（例如重心）中以所需的效果与电机通信。
运动学或速度与运动	局部和全局运动变量之间的链接。在具有攻击性、特技或全向运动的多轴飞行器中，它可以建立传感器的局部测量值（车身速度）与整体测量值（欧拉角速度）之间的关系。在控制器内部，它允许反馈期望的或测量的变量。
动力或力	它允许在局部参考系中建立理论力和扭矩设计的框架，从而能够分析要克服的影响以实现正确运行。在某些情况下，如轮式机器人，这种设计往往被忽略，从而更加重视运动学。对于耐用的控制器，这种分析通常也可以忽略不计，因为只要电机可以处理，动态效果就可以用蛮力克服。同样，它们是进行模拟的重要方程，因为它们是对象或系统行为的数学表示。

6.4　飞行模式

不要将飞行模式与控制方法或解耦任务混淆。飞行模式提供了总体目标。解耦的任务回答了将要实现的特定目标。控制方法回答了将使用哪些工具来实现目标。

图 6-29 显示了飞行模式、控制方法和解耦任务之间的关系，将其应用于具有不同控制方法的特技飞行模式以实现所需的解耦任务（请记住，可以有大量方法来实现每个任务）。

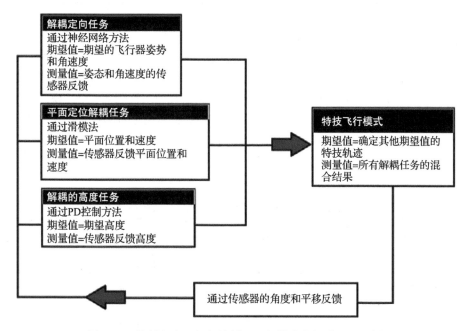

图 6-29　控制方法、任务计划和飞行模式之间关系的示例

当前，基于攻击性水平将飞行模式分为三大类。请参阅表 6-4。

❑ 平缓：目标是使无人机像飞机一样平稳飞行，其角性能不会突然变化，但在 XYZ 空间中具有"完全"移动性。

❑ 动力学：无人机的目标是在其角性能发生相当大但缓慢地变化的情况下执行飞行，从而在 XYZ 空间中保持"完全"移动性。这些缓慢而相当大的更改的目的是实现与环境的交互（例如，移动对象）。

❑ 攻击性：目标是使无人机执行具有完全空间和角度机动性的飞行，并快速执行，以允许进行攻击性或复杂的运动。

表 6-4　基于飞行粗鲁度的飞行模式分类

飞行模式重要作者 / 基本控制书	笛卡儿空间中位置的期望值	笛卡儿 XYZ 空间中速度的期望值	期望的方向值，也称为倾斜角或倾斜度	角速度的期望值
变量的通用名称	X、Y、Z	Vx、Vy、Vz	横滚、俯仰、偏航	Wx、Wy、Wz
平缓（Rogelio Lozano/ Khalil）	任何	任何（逐渐）	0，除了偏航，可以取任何值	0
动力学 Dongjun Lee/Kokotovic	任何	任何	任何（在安全性和移动性范围内）	0 或较低的值（它无法沿着连续的轨迹运动，但可以做到点对点）
攻击性 Taeyoung Lee, Pedro Castillo, Vijay Kumar/Bullo	任何	任何	任何	任何（只要飞机抵抗，它都可以沿着任何轨迹运动）

请注意，飞行模式与规划轨迹相关。

既然已经了解了飞行模式的三个主体系，我们将介绍它们最常用的一些子体系的主要特征。请注意，这些子体系包括飞行的自动化程度。（这是在使用遥控器、自主模式或传感器的一个半依赖关系等情况下。此外，如果在按下遥控操纵杆后使用自动模式，或控件是依赖于 GPS 等）。请查看以下链接以获取完整描述，并参见表 6-5：

http://ardupilot.org/copter/docs/flight-modes.html#full-list-of-flight-modes,http://ardupilot.org/plane/docs/flight-modes.html

表 6-5　基于 ArduPilot 库网页分类的飞行模式的一些子体系

名称	悬停控制（高度）	姿态控制（方向）	平面控制（X，Y）
ACRO	半自动（带遥控器）	半自动（带遥控器）	无
LOITER	自动	自动	自动
AUTO（类似于 loiter，但遵循轨迹）	自动	自动	自动
RTL（一种返回起飞区的方法）	自动	自动	自动
ALT Hold	自动	半自动（带遥控器）	无
POS_HOLD	自动	半自动（带遥控器）	自动（一旦遥控器处于非活动状态）

6.5　解耦的任务

解耦有四个主要任务：

- **方向**：这也称为角度或姿态控制（请勿将"姿态"与高度混淆）。它包括调节无人机的空间方位以获得所需的方位值。
- **位置**：这也称为转向或平面控制。它包括指挥飞机上或相对于地面（通常是 XY 平面）的位置。在平面多轴飞行器的特殊情况下（其中电机在相同的平面，如在标准四轴飞行器中），位置任务取决于方向。但是，在线性操作或小角度飞行中，这种依赖关系会发生解耦（请参阅本章以下各节）。
- **海拔高度**：也称为浮动控制或悬停。它仅包括控制飞行高度。
- **远程控制**：包括通过无线或有线设备手动指挥无人机。

还有两个从属或可选任务：

- **轨迹**：位置、方向和高度的连续。
- **电机**：每个电机的直接控制。由于将其通过推进矩阵作为高度、位置和方向的函数进行了修改，因此将其假定为从属任务。当前正在尝试制造直接和独立的电机控制器，但是考虑到要结合的复杂性、成本、重量和体积，大多数商用无人机都依赖于电机。

请注意，这些解耦任务或特定目标的组合构成了飞行模式的基础，这是总的目标。换句话说，飞行模式是一系列解耦任务。（请参阅参考部分 Kumar 的关于四轴飞行器的 MOOC）。

表 6-6 显示了每个任务的主要特征。

表 6-6　飞行控制的常规任务

任务	排名	同义词	手动或自动	控制回路类型
远程控制	1	手动控制 在与海拔高度相关的节气门（也称为气体），与偏航、远距横摇和远距俯仰大致相关的这些中可以将其分解。	手动和可选，因为操作可以是完全自动的	被用户关闭
姿态	2	角度方向	自动	由计算机或自动驾驶仪关闭
海拔高度	3	悬停、海拔、垂直、高度	自动	由计算机或自动驾驶仪关闭
平面	4	水平、表面、转向	自动	由计算机或自动驾驶仪关闭
轨迹	5	路径规划	自动或手动（通过远程控制）	由计算机或自动驾驶仪关闭（或由用户通过远程控制关闭）
电机	6（因为它取决于其他任务）	制动器、发动机控制	自动	打开

正如将在后面的控制器实现部分看到的那样，总控制权是解耦任务的总和，它定义了飞行模式。

也就是说，请参见图 6-30。

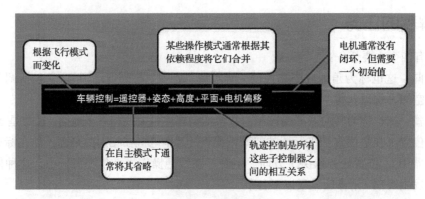

图 6-30 控制组件

图 6-31 显示了对于 + 配置中的四轴飞行器在姿态、高度和平面运动方面的相应校正行为，希望在电机上产生自动效果。请注意，只有将无人机从所需区域移开时，通过观察或感觉到电机的作用，才能在没有螺旋桨的情况下测试这些效果。

请记住，如果配置发生更改，使用了更多或更少的电机，或者电机的编号顺序或旋转方向不同，请考虑这些更改以可视化所需的效果。

另外，请注意，横滚和俯仰效果的旋转方向不一定必须与 XY 平面的方向一致。这将取决于所使用的传感器以及与遥控杆操作的兼容性。但是，这是一种确定你设计的自动控制是否至少以正确方式运行的实用方法。此外，请注意，相对于自动控制，远程效果在横摇、俯仰和偏航方面可能相反。自动任务的校准必须与手动任务分开进行。

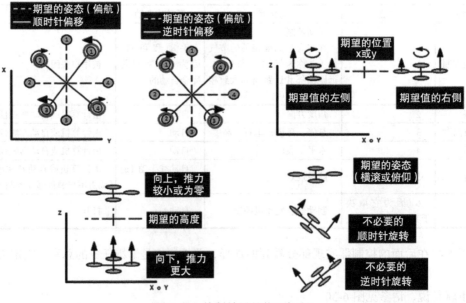

图 6-31 控制效果的物理解释

6.6　控制方法

以下是你完成任务的方法，其中包括：线性或非线性、健壮或可适应、智能或经典、饱和或连续、嵌套或顺序等。

6.7　闭环与开环

闭环基于反馈，这意味着给定系统可以注入参考值，然后通过使用第三项操作来监督实际值达到其参考值，该第三项操作会在未达到参考值的情况下对控制进行校正。开环基于比例，基本上是一种经验控制。例如，通过实验和图表，你可以知道，如果对某个电机及其推进器施加 1V 的电压，则它可能会上升 1 米；如果施加 3V，它将上升 3 米；因此，如果你希望它达到 2 米，则足以施加 2V 电压。

如你所见，开环的问题在于它无法适应变化，例如电机损坏或螺旋桨损坏、是否有强风、电池电流是否低等。

当前，大多数无人机都具有两种控制回路。闭环处于姿势级别（位置加上重心或其他一些关注点的方向）。但是，开环处于电机级别（请参见图 6-32），因为很难通过某种手段来确保将准确的所需速度发送到每个电机（因为在每个电机上放置传感器既昂贵又笨重）。不过，你可以测量其效果并纠正是否达到所需姿势的效果。当前有一些尝试使两个循环都闭合。（其中之一是无传感器的。这是基于以下事实：无刷电机重复执行一系列步骤以旋转到某个特定的位置，然后对这一序列的时间进行计算并确定电机的测量值）。

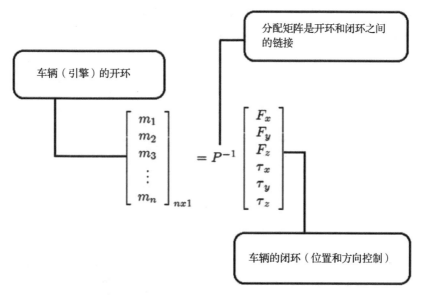

图 6-32　开环和闭环及其与分配矩阵的关系

PD 是最常见的闭环控制，这是我们将要使用的 PD，因为添加更多的术语（例如积分）意味着理论上的改进，但是意味着在实现层面上会有更多的处理错误和注意事项。因此，如果我们遵循简化的哲学，那是足够的，最重要的是说教。但是，你可以自己使用其他控制器进行实验。

应该注意的是，为了举例说明这项工作，PD 型控制将以其饱和形式使用（由于电机的极限值）。现在让我们继续进行介绍性解释。请注意，我们也选择此方法，因为它是引入控制的最基本方法。有关适用于飞行器的其他控制方法的更多具体参考，请参见参考部分。飞行器的控制仅在一个关注点执行，在这种情况下，在重心，假设飞行器的其余部分模仿该关注点的操作（刚体假设）。

6.8   饱和 PD 控制（飞行的软模式基本控制）

接下来，我们将说明控件的设计。正确调谐是你的责任，因为它取决于无人机的质量、形状（会影响其惯性）、不规则或对称性（也会影响其惯性）、电机可以提供的力和扭矩、剩余电池量、所用螺旋桨的类型、环境条件（例如风况）、所用电机的数量和质量、所用传感器的数量和质量、自动驾驶仪接收到的噪声水平等。

在自动控制理论和实践中，有三种系统（见图 6-33）：真实的系统，即你要控制的系统；注入的系统，其中包含通过真实系统的数学建模设计的期望行为；链接系统，其中注入系统通过变换比（在这种情况下为推进或分配矩阵）被诱导到真实系统。

PD 是一种弹簧阻尼器类型的系统。其目标是随着时间的流逝，真实系统（无人机）的行为类似于注入系统（弹簧阻尼器）。链接系统通常会被低估，但是如果没有它就不会存在物理实现，只能是模拟。链接系统需要进行计算资源优化，因此在其最简化的表达式中是首选的。这是对系统及其实际执行器（在此情况下为推进或分配矩阵）进行建模的方程之间的关系。

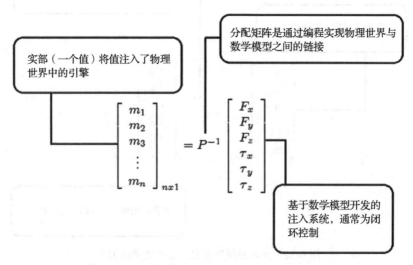

图 6-33   理论与实践的关系通过分配矩阵来实现

比例部分充当弹簧，迫使系统移动到给定点。但是，由于注入系统是虚拟的，因此还需要注入耗散组件，以使注入系统停止在该给定点上，而不仅仅是在该操作点附近振荡。与阻尼器相关的耗散成分就是所谓的差动部分。参见图 6-34。据说它是虚拟的，因为用户是通过代码来编程其效果的，直到电机实现该效果，该代码成为现实。

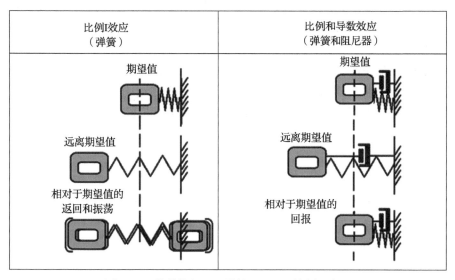

图 6-34　带弹簧和阻尼器的 P 和 PD 控制器类比

通过打开和关闭电机（对于飞行器、涡轮机或带有螺旋桨的电机），几乎可以注入任何行为。在这种情况下，将引入虚拟弹簧阻尼器系统，但你也可以插入一个常数值或正弦行为（在注入纯比例分量的情况下，系统的行为类似于正弦信号）等。见图 6-35。

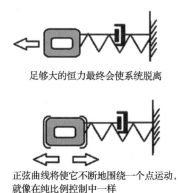

图 6-35　引入恒定和正弦力的作用

通常，注入系统设计为稳定的，但是要控制的系统通常不稳定。就无人机而言，它们实际上是高度不稳定的系统，那么真实系统和虚拟系统如何相互作用？

答案是通过数学上的线性和非线性稳定方法。根轨迹和 Lyapunov 方法是最常用的方法。所有可用的方法都基于对干扰和不期望的现象（风效应、振动等）的估计或控制。在第一种情况下，他们尝试以数学方式计算干扰。在第二种方法中，仅建立一个克服不良现象的控制器（通常没有数学模型，仅取决于误差）。在 PD 情况下，使用的控制器为显性类型（也称为鲁棒型）。因此，许多术语以前已被省略或规范化。它们不会被直接补偿，但是会被电机的大小（某种蛮力）所克服。

通过施加先前的条件，你可以简单地假设电机具有足够的推力和扭矩来完成所需的任务。可以考虑到 P 和 D 增益大于零的事实以及可以在线性控制手册中找到的其他注意事项，以启发式的方式执行调整过程。同时也建议考虑四轴飞行器的线性化模型，以帮助进行增益调整过程。

$$R\begin{bmatrix} 0 \\ 0 \\ u \end{bmatrix} + \begin{bmatrix} 0 \\ 0 \\ -mg \end{bmatrix} = m\begin{bmatrix} \ddot{x} \\ \ddot{y} \\ \ddot{z} \end{bmatrix} \quad J\begin{bmatrix} \ddot{\phi} \\ \ddot{\theta} \\ \ddot{\psi} \end{bmatrix} = \begin{bmatrix} \tau_\phi \\ \tau_\theta \\ \tau_\psi \end{bmatrix}$$

考虑先前获得的动态平移和旋转模型。

根据 R 的定义展开：

$$m\begin{bmatrix} \ddot{x} \\ \ddot{y} \\ \ddot{z} \end{bmatrix} = \begin{bmatrix} 0 \\ 0 \\ -mg \end{bmatrix} + \begin{bmatrix} c\psi s\theta + s\phi s\psi c\theta \\ s\psi s\theta - s\phi c\psi c\theta \\ c\phi c\theta \end{bmatrix}u$$

$$J\begin{bmatrix} \ddot{\phi} \\ \ddot{\theta} \\ \ddot{\psi} \end{bmatrix} = \begin{bmatrix} \tau_\phi \\ \tau_\theta \\ \tau_\psi \end{bmatrix}$$

请记住，由于无人机的对称性，

$$J = \begin{bmatrix} J_{xx} & 0 & 0 \\ 0 & J_{yy} & 0 \\ 0 & 0 & J_{zz} \end{bmatrix}$$

并使用以下小的角度近似值（它们是线性近似值的基础，但请记住要小心，因为在某些情况下，sin 近似值为 0，而在其他情况下，sin 近似值为角度）：

$$s(*) \approx 0 \approx *$$
$$c(*) \approx 1$$

代入这些值，你将获得（注意，那些较小的角度近似值仅适用于横滚和俯仰，因为它们趋向于零，而偏航角具有自由移动性）

$$m\begin{bmatrix} \ddot{x} \\ \ddot{y} \\ \ddot{z} \end{bmatrix} = \begin{bmatrix} 0 \\ 0 \\ -mg \end{bmatrix} + \begin{bmatrix} \theta c\psi + \phi s\psi \\ \theta s\psi - \phi c\psi \\ 1 \end{bmatrix} u \quad \begin{bmatrix} J_{xx}\ddot{\phi} \\ J_{yy}\ddot{\theta} \\ J_{zz}\ddot{\psi} \end{bmatrix} = \begin{bmatrix} \tau_\phi \\ \tau_\theta \\ \tau_\psi \end{bmatrix}$$

这样，你可以设计最基本的飞行控制器（*PD* 的集合）。我们假设你知道如何调整控件，这不在本书的范围之内。可以使用多项式根的几何位置、状态转移矩阵的性质和 Lyapunov 的线性方法等执行此操作。有关线性系统控制的信息，请查阅参考部分或任何其他文本或资源。

使用以下符号很方便：

$$PD_* = K_{P*}(*d - *) + K_{D*}(\dot{*}_d - \dot{*})$$

For example

$$PD_X = K_{Px}(x_d - x) + K_{Dx}(\dot{x}_d - \dot{x})$$

$$PD_\psi = K_{P\psi}(\psi_d - \psi) + K_{D\psi}(\dot{\psi}_d - \dot{\psi})$$

要继续，请进行以下假设：

$$\psi = \psi_d \approx 0$$

还须注意，更简单的动力学是

$$\begin{bmatrix} m\ddot{z} \\ J_{zz}\ddot{\psi} \end{bmatrix} = \begin{bmatrix} -mg + u \\ \tau_\psi \end{bmatrix}$$

而最复杂的，通过它们的链式依赖关系是

$$\begin{bmatrix} m\ddot{x} \\ m\ddot{y} \\ J_{xx}\ddot{\phi} \\ J_{yy}\ddot{\theta} \end{bmatrix} = \begin{bmatrix} (\theta c\psi_d + \phi s\psi_d)u \\ (\theta s\psi_d - \phi c\psi_d)u \\ \tau_\phi \\ \tau_\theta \end{bmatrix} = \begin{bmatrix} \theta u \\ -\phi u \\ \tau_\phi \\ \tau_\theta \end{bmatrix}$$

这样，将要施加的第一组控制方程是与独立动力学有关的，在这种情况下为海拔和偏航：

$$u = mg + PD_Z$$

$$\tau_\psi = J_{zz}(PD_\psi)$$

代入这些方程式

$$\begin{bmatrix} m\ddot{z} \\ J_{zz}\ddot{\psi} \end{bmatrix} = \begin{bmatrix} -mg + u \\ \tau_\psi \end{bmatrix} = \begin{bmatrix} -mg + mg + PD_Z \\ J_{zz}(PD_\psi) \end{bmatrix}$$

正确选择增益，并在某些运动考虑下（准恒定速度，因此加速度趋于零），

$$e_z \to 0 = z_d - z \qquad z \to z_d$$
$$\text{Therefore}$$
$$e_\psi \to 0 = \psi_d - \psi \qquad \psi \to \psi_d$$

速度错误也会发生相同的情况。

将 u 的值代入其余四个方程式, 并考虑到 PDz 趋于 0, 因为期望值趋于测量值,

$$\begin{bmatrix} m\ddot{x} \\ m\ddot{y} \\ J_{xx}\ddot{\phi} \\ J_{yy}\ddot{\theta} \end{bmatrix} = \begin{bmatrix} \theta u \\ -\phi u \\ \tau_\phi \\ \tau_\theta \end{bmatrix} = \begin{bmatrix} \theta mg \\ -\phi mg \\ \tau_\phi \\ \tau_\theta \end{bmatrix}$$

$$\text{Simplifying}$$

$$\begin{bmatrix} \ddot{x} \\ \ddot{y} \\ J_{xx}\ddot{\phi} \\ J_{yy}\ddot{\theta} \end{bmatrix} = \begin{bmatrix} g\theta \\ -g\phi \\ \tau_\phi \\ \tau_\theta \end{bmatrix}$$

针对横滚和俯仰提出以下 PD:

$$\begin{bmatrix} \ddot{x} \\ \ddot{y} \\ J_{xx}\ddot{\phi} \\ J_{yy}\ddot{\theta} \end{bmatrix} = \begin{bmatrix} g\theta \\ -g\phi \\ \tau_\phi \\ \tau_\theta \end{bmatrix} = \begin{bmatrix} g\theta \\ -g\phi \\ J_{xx}(PD_\phi) \\ J_{yy}(PD_\theta) \end{bmatrix}$$

这样, 在正确调整增益并且角速度趋于零 (平稳飞行) 的情况下,

$$\theta \to \theta_d$$
$$\phi \to \phi_d$$

代入其余的动力学方程式,

$$\begin{bmatrix} \ddot{x} \\ \ddot{y} \end{bmatrix} = \begin{bmatrix} g\theta \\ -g\phi \end{bmatrix} = \begin{bmatrix} g\theta_d \\ -g\phi_d \end{bmatrix}$$

这样, 你会注意到可以通过期望的横滚角和俯仰角值来执行 X 和 Y 控件 (这称为嵌套控件):

$$\theta_d = \frac{PD_X}{g}$$

$$\phi_d = -\frac{PD_Y}{g}$$

代入并化简, 你将获得

$$\begin{bmatrix} \ddot{x} \\ \ddot{y} \end{bmatrix} = \begin{bmatrix} g\theta_d \\ -g\phi_d \end{bmatrix} = \begin{bmatrix} PD_X \\ PD_Y \end{bmatrix}$$

因此，通过适当调整 PD 增益，你将获得

$$x \rightarrow x_d$$
$$y \rightarrow y_d$$

最后，注入俯仰和横滚从而间接控制 X 和 Y 位置的控制是

$$J_{yy}(PD_\theta) = J_{yy}(K_{P\theta}(\theta_d - \theta) + K_{D\theta}(\dot{\theta}_d - \dot{\theta}))$$
$$J_{xx}(PD_\phi) = J_{xx}(K_{P\phi}(\phi_d - \phi) + K_{D\theta}(\dot{\phi}_d - \dot{\phi}))$$

扩展中：

$$J_{yy}(PD_\theta) = J_{yy}\left(K_{P\theta}\left(\frac{1}{g}[K_{Px}(x_d - x) + K_{Dx}(\dot{x}_d - \dot{x})] - \theta \right) + \right.$$
$$\left. K_{D\theta}\left(\frac{1}{g}[K_{Px}(\dot{x}_d - \dot{x}) + K_{Dx}(\ddot{x}_d - \ddot{x})] - \dot{\theta} \right) \right)$$

$$J_{xx}(PD_\phi) = J_{xx}\left(K_{P\phi}\left(-\frac{1}{g}[K_{Py}(y_d - y) + K_{Dx}(\dot{y}_d - \dot{y})] - \phi \right) + \right.$$
$$\left. K_{D\phi}\left(-\frac{1}{g}[K_{Py}(\dot{y}_d - \dot{y}) + K_{Dx}(\ddot{y}_d - \ddot{y})] - \dot{\phi} \right) \right)$$

分组常量，例如 $J_{yy}K_{P\theta}\dfrac{1}{g}K_{Px} = P_X$ 和定义零加速度轨迹（具有恒定或近似恒定的速度或平滑的飞行路径）。

$$\ddot{x}_d = 0 \quad \ddot{y}_d = 0$$
$$\ddot{x} \rightarrow 0 \quad \ddot{y} \rightarrow 0$$

扩展可以简化如下：

$$J_{yy}(PD_\theta) = P_X(x_d - x) + D_{X1}(\dot{x}_d - \dot{x}) + P_\theta(0 - \theta) + D_{X2}(\dot{x}_d - \dot{x}) + D_\theta(0 - \dot{\theta})$$
$$J_{yy}(PD_\theta) = P_X(x_d - x) + D_X(\dot{x}_d - \dot{x}) + P_\theta(0 - \theta) + D_\theta(0 - \dot{\theta})$$

以类似的方式：

$$J_{xx}(PD_\phi) = -P_Y(y_d - y) - D_Y(\dot{y}_d - \dot{y}) + P_\phi(0 - \phi) + D_\phi(0 - \dot{\phi})$$

两个方程都简化为：

$$J_{yy}(PD_\theta) = PD_X + PD_\theta$$
$$J_{xx}(PD_\phi) = -PD_Y + PD_\phi$$

　　这意味着对于小角度，恒定或平稳速度的线性飞行（没有明显或突然的加速度变化，并应用线性控制 PD、PID 等），控制实验将进行线性解耦，关于平面控制的角度控制可以独立进行。尽管横滚角和俯仰角与 X 和 Y 位置相互依赖，但仍会发生这种情况。

　　总而言之，你必须应用以下控件来进行匀速直线飞行，且不要进行剧烈运动，偏航角、俯仰角和横滚角趋于零：

$$u = mg + PD_z$$
$$\tau_\psi = PD_\psi$$
$$\tau_\theta = PD_X + PD_\theta$$
$$\tau_\phi = -PD_Y + PD_\phi$$

　　取回先前为 X 配置的四轴飞行器开发的推进 / 分配矩阵，即可获得要注入电机的控件。我们将简短地解决这个问题。请注意，控件在正值之间振荡的偏离值由（mg）或飞行器的重量给出。我们将在实现代码中重新处理此注释。请记住，每种选择的配置都会产生不同的推进矩阵。分配轴、角度和名称（theta, X, 横滚；phi, Y, 俯仰；theta, X, 俯仰；phi, Y, 横滚等）时，必须小心。

$$
\begin{bmatrix} \omega_1 \\ \omega_2 \\ \omega_3 \\ \omega_4 \end{bmatrix} = \begin{bmatrix} -\tau_x + \tau_y + \tau_z + F_z \\ \tau_x - \tau_y + \tau_z + F_z \\ \tau_x + \tau_y - \tau_z + F_z \\ -\tau_x - \tau_y - \tau_z + F_z \end{bmatrix}
$$
$$F_z = u$$
$$\tau_z = \tau_\psi$$
$$\tau_x = \tau_\theta$$
$$\tau_y = \tau_\phi$$
$$
\begin{bmatrix} \omega_1 \\ \omega_2 \\ \omega_3 \\ \omega_4 \end{bmatrix} = \begin{bmatrix} -[PD_x + PD_\theta] + [-PD_y + PD_\phi] + [PD_\psi] + [mg + PD_z] \\ [PD_x + PD_\theta] - [-PD_y + PD_\phi] + [PD_\psi] + [mg + PD_z] \\ [PD_x + PD_\theta] + [-PD_y + PD_\phi] - [PD_\psi] + [mg + PD_z] \\ -[PD_x + PD_\theta] - [-PD_y + PD_\phi] - [PD_\psi] + [mg + PD_z] \end{bmatrix}
$$

　　实现提示　尽管为了方便和逻辑起见，P 增益必须大于 D，由于位置的噪声测量，因此，速度的噪声测量甚至更嘈杂，在这种情况下，D 增益必须以相对于比例增益较高的正值进行调谐。（对于 XYZ 平移变量尤其如此。对于有角度的变量，我们可以遵循相同的标准规则。）

重要提示 本节假定你要执行电机级控制。在专用于 SDK 比较命令的附录中,你会注意到,控制回路在其他项目中是外部的,因为它直接在自动驾驶仪的中心(应该位于无人机的重心或附近)运行。

实现提示 嵌套对应于飞行器的两个控制级别。第一层涉及高度和角度控制方程。第二层涉及作为 XY 平面运动的函数所需的角度定义。先前看到的控件赋予与角度有关的 XY 平面位置错误的"独立"字符,但允许进行编程合成以快速找到编码错误。

实现提示:BIAS

本节还假定你熟悉偏差转换概念,也就是说,虽然控件可以在正值和负值之间变化,但螺旋桨只能取正值(请记住,螺旋桨一般不应改变旋转方向,而只能改变速度)。这样,就会出现一个问题:如何将控件可以采用的正值和负值与完全为正值的螺旋桨的值相关联? 答案是通过添加一个正值(称为" bias"),超过该值将执行控制(因此,理想的情况是不要在使用遥控器达到操作高度之前操作全自动模式)。偏差或正设定值是一个遥控信号,将使飞行器升至所需高度。该值通常与飞行器的重量有关。从该高度获得一个范围,以使控件不会落入负值。在图 6-36 的情况下,原始信号在 −1 和 1 之间振荡,而修改后的信号现在在 1 和 3 之间振荡,其公差范围为 0 至 1。修改后的信号被改变,仍然保持正值。参见图 6-36,通过这种方式可以看出,偏置值对于在电机允许的值与控件产生的值之间建立一致关系至关重要。正如你将看到的,这是通过向控制高度通道发送一个正值来完成的(实际上,必须这样做以克服重力并确保飞行器可以起飞)。

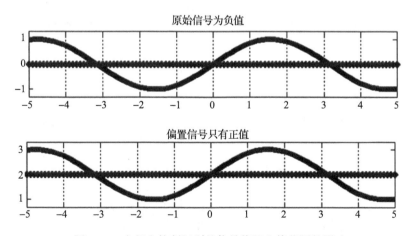

图 6-36 电机和控制级别的信号偏置和值范围的影响

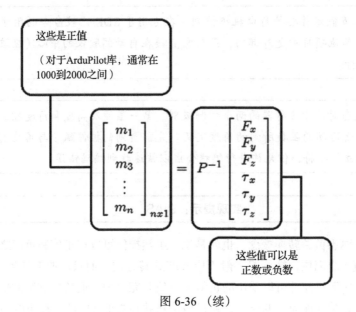

图 6-36　（续）

实现提示：饱和度

一旦满足了将零控制值移至正参考值并允许电机仅接收这些正值的部分，就可以确保它们始终保持在允许的最小和最大水平范围内。为此，使用边界的概念，该边界将使具有临界行为的两个极限值之间的信号饱和。这是通过你先前研究的饱和函数实现的。见图 6-37。

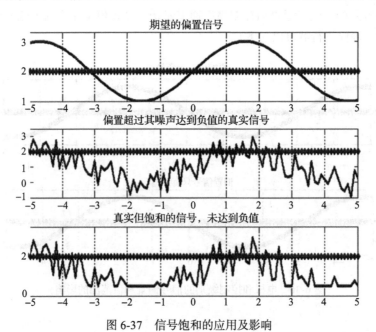

图 6-37　信号饱和的应用及影响

较低的临界行为可防止信号变为负值，而较高的临界行为可防止信号超出每个电机的极限值。

6.9　无人机飞行的实施

涉及的组件：带有 Pixhawk 自动驾驶仪的四轴飞行器无人机。

以下示例代码功能适中，因为最佳操作是在实时模式下而不是像本例中那样按顺序实现的。但是，对于理解自动驾驶的控制过程很有用。测试该代码的一种安全方法是不使用螺旋桨，只需观察电机的反应并在放置螺旋桨之前推断出控制是否成功。标有"读者定义"的过程完全取决于你所用飞行器的正确调整和操作，因此说明性值肯定会发生变化。没有此标签的过程是通用的。

1）初始化硬件

2）获取手动命令、位置、方向和速度

3）过滤（如果某些命令尚未包含，则为必需）

4）定义由读者定义的目标值

5）定义错误

6）定义由读者定义的控制器

7）定义由读者定义的推进 / 分配或执行器混合矩阵

8）写入电机

9）循环或重复步骤 2 ～ 8

以下是次要任务、补充任务或替代任务（它们未包含在此代码中，但是在前面说明的程序中，你应该能够使用它们）：

1）模拟读数（测量空间位置或其他数据的备用模式）

2）数字读 / 写（例如，激活喷漆器或机械传感器作为紧急停止按钮，以避免与墙壁接触）

3）使用视觉警报

4）电池监测（这可能会特别影响控制）

5）气压读数（测量高度的备用模式）

6）将特定数据保存在 SD 存储器中（用于发布文章、报告、论文等）

7）有线和无线串行通信（例如，特别适用于与其他飞行器通信或与树莓派开发板一起使用协调处理）

清单 6-2　四轴飞行器的姿态控制，顺序模式的完整示例

Command : Various Code:	Use: Semi-automatic hover control of an aerial vehicle

```
//////////////////////////// DECLARATION ////////////////////////////
//                Paste the header code here
//                     See appendix

// verify or add this line
static AP_InertialNav_NavEKF inertial_nav(ahrs);

//////////////////////// place here your code///////////////////////

//        verify or add this lines
static Vector3f pos_gps;
static Vector3f vel_gps;
static AP_GPS  gps;
static Compass compass;
static float refx,refy,refz,ref_px,ref_py,ref_pz,errorx,errory,
errorz,posx,posy,posz;
static float roll,pitch,yaw,err_yaw,gyrox,gyroy,gyroz,velx,
vely,velz;
static float kp_roll, kd_roll,kp_pitch,kd_pitch,kp_yaw,kd_yaw;
static float p_x,d_x,p_y,d_y,p_z,d_z;

// the reader should add the rest of the necessary variables (see
// writing to engines and see radio reading)

//////////////////////////// INITIALIZATION ////////////////////////////

void setup(){

//        verify or add those lines

    gps.init(NULL,serial_manager);
    ahrs.set_compass(&compass);
    hal.rcout->enable_ch(0);
    hal.rcout->enable_ch(1);
    hal.rcout->enable_ch(2);
    hal.rcout->enable_ch(3);
    hal.rcout->set_freq( 15, 490);
// reseting all the engines
    hal.rcout->write(0,0);
    hal.rcout->write(1,0);
    hal.rcout->write(2,0);
    hal.rcout->write(3,0);

}
//////////////////////////// EXECUTION ////////////////////////////

void loop(){

// the next function obtains position and velocity values posx,
// posy, posz, velx, vely, velz

    update_GPS();
```

```
// the required radio channels are read for semi-automatic
// operation
    radio[4] = hal.rcin->read(4);
    aux_1 = radio[4];

// this channel replaces the fact to add the term mg
    radio[2] = hal.rcin->read(2);
    radio_throttle = radio[2];
// altitude reference
    refalt=radio_throttle;

    ahrs.update();
    barometer.update();
// angular values of orientation and speed
    roll  = ahrs.roll;
    pitch = ahrs.pitch;
    yaw   = ahrs.yaw;

    gyro  = ins.get_gyro();

    gyrox = gyro.x;
    gyroy = gyro.y;
    gyroz = gyro.z;
// gains of the controllers CAUTION, readers are responsible
// for their own and correct tuning
    kp_roll=800;
    kd_roll=350;
    kp_pitch=800;
    kd_pitch=350;
    kp_yaw=85/2;
    kd_yaw=100/2;

// in this case, since the speed measurements were very noisy, the
// differential values are greater than the proportional ones,
// that's the responsibility of the user and the employed vehicles

    d_x=80;
    p_x=35;
    d_y=80;
    p_y=35;
    d_z=80;
    p_z=35;

// PD controllers

    err_yaw=yaw-0;
    c_roll  = kp_roll  * roll  + kd_roll  * gyrox;
    c_pitch = kp_pitch * pitch + kd_pitch * gyroy;
    c_yaw   = kp_yaw   * err_yaw  + kd_yaw   * gyroz;

// this reference holds the altitude while varying with the remote
// control or semiautomatic hover mode
```

```
        refx=0;
        refy=0;
        refz=posz;
        ref_px=0;
        ref_py=0;
        ref_pz=0;
        errorx=posx-refx;
        errory=posy-refy;
        errorz=posz-refz;

        error_px=velx-ref_px;
        error_py=vely-ref_py;
        error_pz=velz-ref_pz;

        cx=satu((p_x*(errorx)+d_x*(error_px)),50,-50);
        cy=satu((p_y*(errory)+d_y*(error_py)),50,-50);
        cz=satu((p_z*(errorz)+d_z*(error_pz)),80,-80);
// z control plus manual mg
        c_gas=refalt+cz;

        // BEWARE the signs of roll, X, pitch and Y, can vary
        // according to the sense of the remote control (the lever
        // can be reversed)

// saturated propulsion matrix so that the engines never turn off
// and at the same time do not reach the maximum value of
// operation, this also is the responsibility of the reader,
// see also the section of the propulsion matrix

        m1_c=satu((-c_roll -cx  +c_pitch -cy  +c_yaw +cgas),1700,1100);
        m2_c=satu(( c_roll +cx  -c_pitch +cy  +c_yaw +cgas),1700,1100);
        m3_c=satu(( c_roll +cx  +c_pitch -cy  -c_yaw +cgas),1700,1100);
        m4_c=satu((-c_roll -cx  -c_pitch +cy  -c_yaw +cgas),1700,1100);

// writing to the motors if the auxiliary lever that serves as
// emergency stop is activated, otherwise, stop the motors
        if (aux_1<1500)
        {
            hal.rcout->write(0,uint16_t(m1_c));
            hal.rcout->write(1,uint16_t(m2_c));
            hal.rcout->write(2,uint16_t(m3_c));
            hal.rcout->write(3,uint16_t(m4_c));
        }

        else
        {
            hal.rcout->write(0,900);
            hal.rcout->write(1,900);
            hal.rcout->write(2,900);
            hal.rcout->write(3,900);
```

```
        }
        hal.scheduler->delay(50);
}

// auxiliary functions including the AP_HAL_MAIN

// saturation function
static float satu(float nu, float ma, float mi){
    if(nu>=ma) nu=ma;
        else nu=nu;
        if(nu <= mi) nu=mi;
        else nu=nu;
    return nu;
}

// update function of x, y and z via gps
static void update_GPS(void){
        static uint32_t last_msg_ms;
        gps.update();
        if (last_msg_ms != gps.last_message_time_ms())
        {
            last_msg_ms = gps.last_message_time_ms();
            const Location &loc =gps.location();
            flag = gps.status();
        }

        uint32_t currtime = hal.scheduler->millis();
        dt = (float)(currtime - last_update) / 1000.0f;
        last_update = currtime;
// a delta t is required to internally calculate velocity
// estimations
        inertial_nav.update(dt);
// this part verifies that there are at least 3 satellites to
// operate and turn on the led if true, also changes a variable
// called flag2 to update speeds
        flag= gps.num_sats();

        if(pos.x!=0 && flag >=3 && flag2==1){
            const Location &loc = gps.location();
            ahrs.set_home(loc);
            compass.set_initial_location(loc.lat, loc.lng);
            toshiba_led.set_rgb(0,LED_DIM,0);   // green
            flag2 = 2;
        }
    pos_gps  = inertial_nav.get_position();
    vel_gps = inertial_nav.get_velocity();
// a gps of centimetric resolution is assumed
// and its value it is transformed to meters
```

```
    posx=((pos_gps.x)/100);
    posy=((pos_gps.y)/100);
    posz=((pos_gps.z)/100);
    if(flag2==2){
        velx=((vel_gps.x)/100);
        vely=((vel_gps.y)/100);
    }
    velz=((vel_gps.z)/100);
    flag2==1;

}

AP_HAL_MAIN(); // Ardupilot function call
```

6.10 本章小结

在本章中，你学习了以下内容：

❑ PD 控制器的基础

❑ 建模四轴飞行器的基础

❑ 如何通过分配矩阵使理论联系实践，这在任何其他类型的自动驾驶中都是非常有用的工具

❑ 如何仅通过扣除系统操作即可测试控制器而不会损坏设备或对自己造成损伤

❑ 飞行器操作中存在多少子控制器，包括自动或手动、闭环或开环

❑ 如何线性化系统及其条件，包括控制解耦

❑ 控制方法、计划任务和飞行模式（通常为运动模式）之间的区别

❑ 控制适当的条件，例如偏差和饱和度

❑ 确定指挥飞行器的主要过程和次要过程

现在，你已经完成了有关自动驾驶顺序编程的第二部分。使用解释的命令和四轴飞行器示例，你就可以开始编写自己的机器人了。

在下一节中，我们将教你有关实时或并行编程模式的知识，并且将在下一章开始时介绍 ArduPilot 库实时工作环境的概述。

参考资料

这是对 ArduPilot 库中用于四轴飞行器部分飞行所需的最小命令的很好的介绍和总结，不包括内存中的存储或串行通信，在这种情况下是与 APM 自动驾驶仪一起使用的（飞行风险自负）：

https://blog.owenson.me/build-your-own-quadcopter-flight-controller/

塞维利亚大学的论文，简要解释了 ArduPilot 库及其在飞行器（可驾驶型飞机）中的应用（西班牙语）：

Alejandro Romero Galan, Revision y modificacion del firmware de libre acceso arducopter para su uso en el proyecto airwhale, Tesis, Universidad de Sevilla, 2015.

关于四轴飞行器的设计和建模，以及使用 ArduPilot 库实现某些控制律的墨西哥论文（西班牙语）：

Gerardo Arturo Ponce de Leon Zarate, Modelado dinamico y control de un cuadrotor para el seguimiento de trayectorias, Tesis, CIDETEC IPN, 2016

关于多轴飞行器的建模、控制和组件的正式但有趣且非常完整的书：

Quan Quan, Introduction to multicopter design and control, Springer, 2017.

用制造商风格的书进入四轴飞行器类型无人机的世界，包括 Arduino 项目：

David McGriffy, Make: Drones: Teach an arduino to fly, Maker Media, Inc., 2016.

深入介绍无刷电机和 ESC 的书：

Matthew Scarpino, Motors for makers: A guide to steppers, servos, and other electrical machines, Que Publishing, 2015.

经典书籍，可为多轴飞行器的基本建模和控制提供参考：

Luis Rodolfo Garcia Carrillo, Alejandro Enrique Dzul Lopez, Rogelio Lozano, Claude Pegard, Quad rotorcraft control: vision-based hovering and navigation, Springer Science & Business Media, 2012.

Pedro Castillo, Rogelio Lozano, Alejandro E Dzul, Modelling and control of mini-flying machines, Physica-Verlag, 2006.

关于四轴飞行器建模和基本控制的 MOOC（笛卡儿粒子模式）：

https://www.edx.org/course/autonomous-navigation-flying-robots-tumx-autonavx-0

关于四轴飞行器建模和高级控制的 MOOC（三维体模式）：

https://es.coursera.org/learn/robotics-flight
https://www.edx.org/course/robotics-dynamics-control-pennx-robo3x

强烈推荐基础和高级 C++ 编程课程（法语，英文字幕）：

https://es.coursera.org/learn/initiation-programmation-cpp
https://es.coursera.org/learn/programmation-orientee-objet-cpp

本书的章节强烈建议对四轴飞行器及其参照系进行建模：

Jinhyun Kim, Min-Sung Kang, and Sangdeok Park, Accurate modeling and robust hovering control for a quad-rotor vtol aircraft, Selected papers from the 2nd International Symposium on UAVs, Reno, Nevada, USA June 8-10, 2009, Springer, 2009, pp. 9-26.

为了以几何方式理解欧拉角及其与准速度的关系：

Anthony Bedford, Wallace Fowler, Dinamica: Mecanica para ingenieria, vol. 1, Pearson Educacion, 2000. pp 468-470
Beer, Flori and Johnston: Mechanics for engineers: dynamics, McGraw-Hill, 2007

同上，但是以矢量方式，顺便说一句，这是一本不错的四轴飞行器的书，在建模和自动控制方面也具有一定的理论水平（西班牙语）：

Miranda, Garrido, Aguilar, Herrero, Drones: modelado y control de cuadrotores, Alfaomega, 2018

矩阵形式：

Fumio Hamano, Derivative of rotation matrix direct matrix derivation of well known formula, 2013

另外，对于那些喜欢在空中或水上交通工具中加深攻击性运动的人，推荐一门关于刚体动力学和运动学的课程，作者建议：

https://www.coursera.org/specializations/spacecraft-dynamics-control

在线部分，包含 ArduPilot 库的完整代码：

https://github.com/ArduPilot/ardupilot/tree/master/libraries/AP_HAL

有关串行通信过程类型 UART、掩蔽的概念和校验和的基本算法的描述性网页：

http://www.circuitbasics.com/basics-uart-communication/
https://en.wikipedia.org/wiki/Parity_bit

## 第三部分

实时模式

ADVANCED ROBOTIC VEHICLES
PROGRAMMING

第 7 章
实时工作环境

在本章，你将学习使用 ArduPilot 实时工作环境库的关键概念，例如链接器的概念、调度程序及其参数、如何测量任务的当前时间、调度器模式程序的各个部分以及用于实时启动的非常简单易懂的代码演示。

7.1 链接器

如你所见，使用称为模块的外部函数很方便。在模块化编程中，主程序的函数分为子程序或模块。

要将所有这些模块文件与主代码连接在一起，需要一个链接器。对于 ArduPilot 库（特别是在 Windows 中通过 Eclipse 界面），链接是自动完成的，用户只需要确保模块与主文件位于同一文件夹中即可。

7.2 调度程序说明

调度程序使用基本时间乘法器进行操作。对于使用的 Pixhawk 版本，它们乘以 2.5 毫秒：

```
1     = 400 Hz
2     = 200 Hz
4     = 100 Hz
8     = 50 Hz
20    = 20 Hz
40    = 10 Hz
133   = 3 Hz
400   = 1 Hz
4000  = 0.1 Hz
```

调度程序或任务调度程序是实时执行任务的最重要部分。在这段代码中，声明了三个参数的序列：任务的名称，任务的估计持续时间以及任务执行或重复的频率或周期。最后的声明是自动驾驶仪最大频率的一部分。分配的数字越高，任务执行的频率就越低，反之亦然：

数字越低，任务执行的频率就越高。

```
{onesecondtask,       400, 10}
```

在示例中，任务的名称是 `onesecondtask`。第二个参数表示将每秒重复一次（400 *
2.5 毫秒 = 1000 毫秒 = 1 秒，还请记住 2.5 毫秒是 400 Hz 的倒数）。最后一个参数是 10，表
示此任务在执行过程中必须持续 10 微秒，这意味着该任务每秒重复一次，但需要 10 微秒才
能完成。

请注意，使用实时时间比通过以前看到的系统时钟进行时间管理更好，因为每个任务的
最大估计时间用作看门狗，这是微控制器和可编程设备中的常见概念，并且负责确定任务是
否已被延迟或成功执行。在延迟的情况下，它会被自动删除，系统会继续执行调度程序中的
其他事件，而这是无法通过先前看到的系统时钟时间来完成的。对于 Pixhawk 和 ArduPilot
库，使用实时管理是最强大的时间管理方法。

如清单 7-1 和 7-2 所示，调度程序还具有优先或精英模式来执行任务，包括你的编码方
案。**调度程序中未声明的称为 fast loop 的块**，告诉 Pixhawk 执行的优先级在快速循环周
期中，如果有时间（通常总是有时间），则执行调度程序中声明的所有其他任务。然后，在快
速循环中，仅必须声明保持车辆运行的基本任务（电机写入和惯性传感器读取）。

ArduPilot 库将执行优先级赋予名为 `fast loop` 的循环，并允许系统实质性地停止浪费
时间在与其操作无关的函数上。

7.3　实时模式 / 调度程序模式下的 ArduPilot 常用部件

快速循环块和调度程序声明必须添加到原始方案中。请参见图 7-1 和表 7-1。

表 7-1　ArduPilot 实时程序的常用部分

名　称	内　容	允许的动作
Header（头文件）	库的定义	仅用于 ArduPilot 库；使用和创建变量或类（对象）的定义
调度申报	除快速循环外，所有必须实时执行的函数	使用，但用户仅使用模板来指示应该在实时调度程序中执行哪些函数
Setup（设置）	端口或函数的初始化，仅执行一次	仅用于初始化方法
主循环	用户的主程序，它首先执行快速循环，然后执行调度程序中定义的所有内容	使用 ArduPilot 库中定义的类，创建自己的算法并使用辅助函数
快速循环	更高层次的函数，必须具有车辆的基本任务（例如，读取惯性传感器并写入电机）	使用，但用户定义此函数中存在的内容
辅助功能	内部和外部都包含广泛的代码段，或者将在循环的多个段中使用的代码段	创建以供以后在主循环中使用
`AP_HAL_MAIN ()`	允许调用 ArduPilot 库中的所有可用类	使用

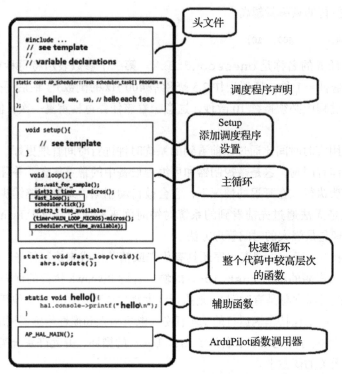

图 7-1　ArduPilot 实时模式程序的常用部分

7.4　测量任务执行时间

调度程序最不直观的参数之一是与任务的执行时间有关的参数。问题是，你如何衡量它？要回答这个问题，你将使用清单 7-1，该清单尚未使用实时功能，但可以估算一个或多个任务的持续时间。

清单 7-1　系统时钟调用

```
///////////////////// DECLARATION //////////////////////////
//              Paste the header here
//                  see the appendix

///////////////////// place your code here //////////////////

// Here the code of each example will be placed the respective
// defined functions, the setup cycle, the loops and fast loop
// before initializing definitions of other variables or
// libraries that are needed must be placed integers that
// contain time, these are of unsigned type because time is
// always positive and also of value 32 which equals a maximum
// of 4,294,967,296 milliseconds although a type 16 could be
// used, but that would only stores one minute or approximately
```

```
// 65536 milliseconds note that for variables that collect
// microseconds 4,294,967,296 microseconds are only 4295 seconds
// or 70 minutes

uint32_t begin=0,ending=0, timer, timemod;

///////////////////////// INICIALIZATION /////////////////////////

void setup(){
    // copy here the basic setup
}
///////////////////////// EXECUTION /////////////////////////

void loop(){
// a function scheme is used as required for real time
    fast_loop();
}

static void fast_loop(void){

// the current time is invoked
    timer=hal.scheduler->millis();

// you get the module between the time you want to display the
// data on the screen here every 3 seconds or equivalently 3000
// milliseconds

    timemod=timer%3000;

// if the module is exactly 3 seconds or around (2.9 seconds)

    if(timemod<=100)
    {

// displaying the value of the chronometer as at the beginning
// there are not start and end values these were initialized to 0
// in the declaration

        hal.console->printf("%d\n",ending-begin);
    }

// the fast loop must contain at least the ahrs.update

    ahrs.update();

// here starts the chronometer, we are interested in measuring
// the task a and b that we know they have about 56,000
// microseconds long
    begin=micros();
    atask();
    btask();

// here the chronometer stops
    ending=micros();
}
```

```
//          auxiliary functions

// tasks a and b last together approximately 56 milliseconds 11 + 45
// those are approximately 56,000 microseconds they are used
// like this to show the reader their usefulness, but in
// general it is unknown the duration of an specific task

static void atask(void){
    hal.scheduler->delay(11);
}

static void btask(void){
    hal.scheduler->delay(45);
}

// this function is defined to simplify writing

static uint32_t micros(){
    return hal.scheduler->micros();
}

AP_HAL_MAIN(); // Ardupilot function call
```

如果你在任何终端中观察代码的结果（如图 7-2 所示），你会注意到该计时器记录了
56 000 至 58 000 微秒之间的值。你会看到测量某个任务的执行时间是可行的。要将这些时间
包含在实时调度程序中，你可以留出一些空白，并指出将需要 60 000 微秒而不是 56 000 微秒。在其他情况下，你只需检查 ArduCopter.pde 文件的调度程序，搜索某些特定任务（例如，读取 GPS）并复制已分配的时间（此时间已经测试并且可以正常工作！）。

在其他情况下，由于串行终端可以中断某些任务的正确操作，可以将其保存到 SD 存储器中并脱机显示，而不必在此串行屏幕中分析执行时间。（例如，写入伺服系统、有线或无线串行传输等）。

建议以一种周期性的方式来测量任务的执行时间，并对每个持续时间不明确的任务取平均值。完成后，你将知道在调度程序中分配多少时间。

清单 7-2 所示的代码已经使用实时

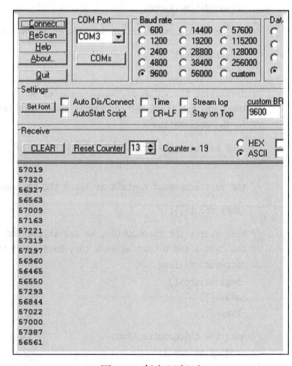

图 7-2　任务运行时

来执行三个任务。

清单 7-2 提供了一个实时处理的示例。请注意以下几点：

❑ 语法为：

```
void run(uint32_t time_available)
```

你可以在以下位置找到更多信息：http://ardupilot.org/dev/docs/code-overview-scheduling-your-new-code-to-run-intermittently.html

https://github.com/ArduPilot/ardupilot/blob/master/libraries/AP_Scheduler/AP_Scheduler.h

清单 7-2 实时调度程序

```
//////////////////////// DECLARATION //////////////////////////
//              Paste the header code here
//                    see appendix

/////     verify or add these lines
#include <AP_Scheduler.h>
static AP_Scheduler scheduler;

//////////////////// place your code here ////////////////////

/////    this is the scheduler structure definition

static const AP_Scheduler::Task scheduler_task[] PROGMEM = {
        {onesec,      400,  10}, //400 dvided by 400 is 1 s
        {threesec,   1200,  10}, // 1200 divided by 400 are 3 s
        {fivesec,    2000,  10}, // 2000 divided by 400 are 5 s
};
//////////////////////// INICIALIZATION ////////////////////////

void setup(){
    // add this line in the basic setup
scheduler.init(&scheduler_task[0],sizeof(scheduler_task)/
sizeof(scheduler_task[0]));
}
//////////////////////// EXECUTION ////////////////////////////

void loop(){

    ins.wait_for_sample();
// the inertial sensor determines the use of the scheduler
    uint32_t timer =  micros();
    fast_loop();  // fast loop is ejecuted
    scheduler.tick(); // fast loop ends
    uint32_t time_available=(timer+MAIN_LOOP_MICROS)-micros();
// current time
    scheduler.run(time_available);
// execute what is defined in the scheduler
// if there is time available
}
```

```
// the fast loop is not declared in the scheduler and the tasks
// within should be only the most relevant, in this case only
// ahrs is updated but you can add the control loop and writing
// to the engines

static void fast_loop(void){
    ahrs.update();
}
//            auxiliar functions

static void onesec(){
    hal.console->printf("one \n");
}

static void threesec(){
    hal.console->printf("three \n");
}

static void fivesec(){
    hal.console->printf("five \n");
}

static uint32_t micros(){
    return hal.scheduler->micros();
}

AP_HAL_MAIN(); // Ardupilot function call
```

7.5 本章小结

在本章中，你学习了以下内容：

❑ 链接器的概念，即 ArduPilot 库连接代码模块的方式

❑ ArduPilot 调度程序的概念及其参数

❑ 如何衡量任务的运行时间

❑ 实时 ArduPilot 库程序的各个部分

❑ 一个了解实时模式的基本但可操作的演示

在第 8 章中，你将修改先前的代码以使用四轴飞行器，以便包括实时模块并分配任务执行优先级。

第 8 章

应用程序代码

在本章中，先前描述的函数及其各自的模块被组合成实时代码。包括未在顺序代码中添加的其他一些函数，只是为了演示实时模式在辅助任务的分配和层次结构中的多功能性。

在清单 8-1 的主代码中，请注意，调度程序调用代码的辅助模块中定义的内部和外部函数。还要注意，只有最重要的函数才放置在主代码中，在这种情况下，写入引擎并读取方向（在未进行螺旋桨测试之前，不要尝试与螺旋桨一起使用）。

清单 8-1　四轴飞行器姿态控制，实时模式下的完整示例

```
/////////////////////////// DECLARATION ////////////////////////////
//                    Paste the header code here
//                             see appendix

// verify or add this line
static AP_InertialNav_NavEKF inertial_nav(ahrs);

/////////////////////// place your code here ////////////////////////

//         verify or add those lines

Vector3f gyro;
static float baro_alt;
int radio_roll, radio_pitch, radio_yaw, radio_throttle, aux_1,
aux_2, aux_3;
uint16_t radio[6];
float c_roll, c_pitch, c_yaw, volt, corriente_tot;
static Vector3f pos;
static Vector3f ref;
static Vector3f ref_p;
static Vector3f error;
static Vector3f error_p;
static Vector3f ctrl;
static Vector3f vel;
static Vector3f pos_gps;
static Vector3f vel_gps;
static Vector3f off;
static uint8_t flag=0,flag2=1;
uint8_t mode_flight=1;
bool flag_aux1=true;
```

```
// the reader should verify the necessary variables

//////////////////////// INITIALIZATION ///////////////////////

// secondary tasks defined in the scheduler

static const AP_Scheduler::Task scheduler_task[] PROGMEM = {
        {update_GPS,      8,  90}, // update GPS positions
        {update_Baro,    40, 100}, // update barometer altitude
        {Trajectory, 40,  20}, // update trajectory to follow
        {Read_radio,  4, 20}, // remote control reading
        {Flight_modes,    4,  50}, // update the flight mode
        {Read_battery, 400, 50},   // battery reading
        {Save_data, 20, 100},  // saving data into SD
};

void setup(){

//          verify or add those lines

    gps.init(NULL,serial_manager);
    ahrs.set_compass(&compass);
    hal.rcout->enable_ch(0);
    hal.rcout->enable_ch(1);
    hal.rcout->enable_ch(2);
    hal.rcout->enable_ch(3);
    hal.rcout->set_freq( 15, 490);
scheduler.init(&scheduler_task[0],sizeof(scheduler_task)/
sizeof(scheduler_task[0]));
    toshiba_led.init(); battery.set_monitoring(0,AP_
    BattMonitor::BattMonitor_TYPE_ANALOG_VOLTAGE_AND_CURRENT);
    battery.init();
    init_flash();
// setting the motors
    hal.rcout->write(0,0);
    hal.rcout->write(1,0);
    hal.rcout->write(2,0);
    hal.rcout->write(3,0);

}

//////////////////////// EXECUTION ///////////////////////

void loop(){

    ins.wait_for_sample();
    uint32_t timer = micros();
    fast_loop();
    scheduler.tick();
    uint32_t time_available=(timer+MAIN_LOOP_MICROS)-micros();
    scheduler.run(time_available);

}
```

```
static void fast_loop(void){
    ahrs.update();
    compass.read();
    gyro  = ins.get_gyro();

    c_roll  = phi_p  * ahrs.roll  + phi_d  * gyro.x;
    c_pitch = th_p * ahrs.pitch + th_d * gyro.y;
    c_yaw   = psi_p  * (ahrs.yaw-0)   + psi_d   * gyro.z;

    // writing to motors
    float m1_c, m2_c, m3_c, m4_c;
    float c_gas=radio_throttle+ctrl.z;

    m1_c=satu((-c_roll -ctrl.x  +c_pitch -ctrl.y  +c_yaw+radio_
    yaw  +cgas),1700,1100);
    m2_c=satu(( c_roll +ctrl.x  -c_pitch +ctrl.y  +c_yaw+radio_
    yaw  +cgas),1700,1100);
    m3_c=satu(( c_roll +ctrl.x  +c_pitch -ctrl.y  -c_yaw-radio_
    yaw  +cgas),1700,1100);
    m4_c=satu((-c_roll -ctrl.x  -c_pitch +ctrl.y  -c_yaw-radio_
    yaw  +cgas),1700,1100);

// emergency stop

    if (radio_throttle>1149)
    {
        hal.rcout->write(0,m1_c);
        hal.rcout->write(1,m2_c);
        hal.rcout->write(2,m3_c);
        hal.rcout->write(3,m4_c);
    }

    else
    {
        hal.rcout->write(0,1000);
        hal.rcout->write(1,1000);
        hal.rcout->write(2,1000);
        hal.rcout->write(3,1000);
    }

}

//          auxiliary functions

// saturation function
static float satu(float nu, float ma, float mi){
    if(nu>=ma) nu=ma;
      else nu=nu;
      if(nu <= mi) nu=mi;
      else nu=nu;
      return nu;
}
```

```
static uint32_t micros(){
    return hal.scheduler->micros();
}

static void Read_battery(){
    battery.read();
    volt=battery.voltage();
    corriente_tot=battery.current_total_mah();
}

static void Save_data(){
    Log_Write_Pose();
    Log_Write_Control();
    Log_Write_Errors();
}

AP_HAL_MAIN(); // Ardupilot function call
```

8.1 radio.pde 模块

清单 8-2 包含 Read_radio() 函数。

清单 8-2 radio.pde 模块用于四轴飞行器的实时悬停控制

```
static void Read_radio(){
    for (uint8_t i=0;i<=6; i++)
    {radio[i]=hal.rcin->read(i);}
    radio_roll=(radio[0]-1500)/3;
    radio_pitch=(radio[1]-1500)/3;
    radio_throttle=radio[2];
    if(radio_throttle>=1149 && radio_throttle<1152){
        off.z=pos.z;
    }

    radio_yaw=(radio[3]-1500)/2;
    aux_1=radio[4];
    aux_2=radio[5];
}
```

8.2 control.pde 模块

control.pde 模块包含 Flight_modes() 函数。参见清单 8-3。此功能根据激活的辅助操纵杆来激活不同的控制模式。基本上，这些飞行模式会修改 X、Y 和 Z 轴上的控件。

清单 8-3　*control.pde* 模块用于四轴飞行器的实时悬停控制

```
static void Flight_modes(){

if(aux_1<1600){
    if(flag_aux1){
        ref.x=pos.x;
        off.x=pos.x;
        ref.y=pos.y;
        off.y=pos.y;
        ref.z=pos.z;
        mode_flight =2;
    }
    if(aux_2>=1600) {
        mode_flight =3;
    } else { mode_flight =2;}
}

else{
    mode_flight =1;
    flag_aux1=false;
}

switch(mode_flight) {
case 1: // just attitude
    ctrl.x=0;
    ctrl.y=0;
    ctrl.z=0;
    ref_p.x=0;
    ref_p.y=0;
    ref_p.z=0;
    break;
case 2: // hover
    error.x=pos.x-ref.x;
    error.y=pos.y-ref.y;
// check remote control levers to coincide with the signs
    error.z=ref.z-pos.z;
    error_p.x=vel.x-ref_p.x;
    error_p.y=vel.y-ref_p.y;
    error_p.z=ref_p.z-vel.z;
    ctrl.x=satu((p_x*(error.x)+d_x*(error_p.x)),50,-50);
    ctrl.y=satu((p_y*(error.y)+d_y*(error_p.y)),50,-50);
    ctrl.z=satu((alt_p*(error.z)+alt_d*(error_p.z)),80,-80);
    break;
case 3: // trajectory following
    error.x=pos.x-ref.x;
    error.y=pos.y-ref.y;
    error.z=ref.z-pos.z;
```

```
        error_p.x=vel.x-ref_p.x;
        error_p.y=vel.y-ref_p.y;
        error_p.z=ref_p.z-vel.z;
        ctrl.x=satu((p_x*(error.x)+d_x*(error_p.x)),50,-50);
        ctrl.y=satu((p_y*(error.y)+d_y*(error_p.y)),50,-50);
        ctrl.z=satu((alt_p*(error.z)+alt_d*(error_p.z)),80,-80);
        break;
    default:
        break;
    }
}
```

请注意以下组合（由于遥控器的信号将其辅助 OFF 位置在值 1590～1580 之间振荡，表明 OFF 小于 1600）：

如果信号 <1600，则 Aux_1 = 0

如果信号 >= 1600，则 Aux_1 = 1

相似地

如果信号 <1600，则 Aux_2 = 0

如果信号 >= 1600，则 Aux_2 = 1

这样，你可以重建状态机（请注意，此状态机仅影响注入的控件以及是否使用了预先设计的轨迹）。请参阅表 8-1 和图 8-1。

- **状态 A**：正向加上手动高度（起飞）。没有自动悬停或 XY 位置。
- **状态 B**：方向加自动高度并保持当前 XY 位置（悬停）。
- **状态 C**：姿态、仰角和自动 XY 位置（轨迹跟踪）。

注意：在将此代码用于状态 B 和状态 C 时，请勿移动油门杆，因为所示的代码不包含停止油门，实际上，这是无人机始终保持正向参考的一种方式。该参考值是你改变 AUX_1 杆时的油门杆位置。另外，请始终使用数字值 1 的 AUX_1 杆启动飞行器，因为在这里我们不考虑如果飞行器处于状态 B 或 C 时在地面上会发生什么情况。最后，在尝试

表 8-1 飞行任务的状态和辅助操纵杆的相关组合

状态	任务	组合 AUX1 AUX2
A	自动姿态手动起飞	（1,0），（1,1）
B	自动姿态自动悬停	（0,0）
C	自动轨迹跟随自动姿态	（0,1）

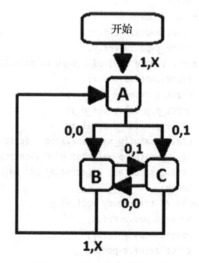

图 8-1 飞行任务的状态机

关闭电机时要小心，它们将继续旋转，因为姿态控制始终处于活动状态。相反，请尝试在不移动四轴飞行器的情况下在地面上进行操作，或者尝试使用带有撤防按钮的长接杆。

请注意，没有紧急停止或着陆状态。这是因为一般控件包含始终存在的远程控件交互（用户始终可以通过远程控件访问此状态）。要使飞行器着陆，用户可以命令油门杆（悬停任务的远程控制）。另外，请注意这个是有风险的，因为如果地形不平坦，则电机将保持旋转，因为始终存在依赖于角度变化的姿态控制，因此最好在没有任何类型斜坡光滑的表面上使用建议的代码。并且，由于该控制器未假定有侧风，因此最好在封闭空间内尝试。另一种选择是使用第三个辅助操纵杆，或者代替状态 1 分别使用 aux1 和 aux2 的 1,0 和 1,1 组合，也许你可以使用这些组合之一编程 D 状态以将 0 写入电机。

8.3　data.pde 模块

data.pde 模块包含内部 Save_data() 函数的 Log_Write 函数，参见清单 8-4。

清单 8-4　data.pde 模块用于四轴飞行器的实时悬停控制

```
static uint16_t log_num;    //Dataflash
struct PACKED log_Pose{
    LOG_PACKET_HEADER;
    float     alt_barof;
    float     Roll;
    float     Pitch;
    float     Yaw;
    float     z_pos;
    float     vel_x;
    float     vel_y;
    float     vel_z;
    float     x_pos;
    float     y_pos;
    float     giroz;
    float     girox;
    float     giroy;
};

struct PACKED log_Control {
    LOG_PACKET_HEADER;
    float   time_ms;
    float   u_z;
    float   tau_theta;
    float   tau_phi;
    float   tau_psi;
    float   comodin_1;
    float   comodin_2;
```

```
        float   comodin_3; // comodines para indice de desempeño
        float   comodin_4;
};
struct PACKED log_Errors {
        LOG_PACKET_HEADER;
        uint32_t    time_ms;
        float   error_x;
        float   error_y;
        float   error_z;
        float   voltaje;
        float   corriente;
        float   comodin_5;
        float   comodin_6;
        int     comodin_7;
        float   alt_des;
        float   x_des;
        float   y_des;
};

//declaration
static const struct LogStructure log_structure[] PROGMEM = {
        LOG_COMMON_STRUCTURES,
        {LOG_POSE_MSG, sizeof(log_Pose),
        "1", "ffffffffffff", "a_bar,ROLL,PITCH,YAW,Z_POS,
        V_X,V_Y,V_Z,X_POS,Y_POS,G_Z,G_X,G_Y"},
      { LOG_CONTROL_MSG, sizeof(log_Control),
        "2", "fffffffff", "T_MS,UZ,T_TH,T_PHI,T_PSI,
        TAUX,TAUY,S_PHI,S_PSI"},
      { LOG_ERR_MSG, sizeof(log_Errors),
        "3", "IffffffffIfff", "T_MS,E_X,E_Y,E_Z,VOLT,AMP,nav_z,
        nav_zp,con_alt,ZDES,XDES,YDES"},
};
// initialization
static void init_flash() {
    DataFlash.Init(log_structure,sizeof(log_structure)/
    sizeof(log_structure[0]));
    if (DataFlash.NeedErase()) {
        DataFlash.EraseAll();
    }
    log_num=DataFlash.StartNewLog();
}

// saving data

static void Log_Write_Pose()
{

    struct log_Pose pkt = {
        LOG_PACKET_HEADER_INIT(LOG_POSE_MSG),
```

```
                alt_barof    : baro_alt,
                Roll         : ahrs.roll,
                Pitch        : ahrs.pitch,
                Yaw          : ahrs.yaw,
                z_pos        : pos.z,
                vel_x        : vel.x,
                vel_y        : vel.y,
                vel_z        : vel.z,
                x_pos        : pos.x,
                y_pos        : pos.y,
                giroz        : gyro.z,
                girox        : gyro.x,
                giroy        : gyro.y,
            };
        DataFlash.WriteBlock(&pkt, sizeof(pkt));
    }
    static void Log_Write_Control(){
        struct log_Control pkt = {
            LOG_PACKET_HEADER_INIT(LOG_CONTROL_MSG),
            time_ms      : (float)(hal.scheduler->millis()/1000),
            u_z          : ctrl.z,
            tau_theta    : (ctrl.x+c_pitch),
            tau_phi      : (ctrl.y+c_roll),
            tau_psi      : c_yaw,
            comodin_1      : 0,
            comodin_2      : 0,
            comodin_3    : 0,
            comodin_4    : 0,
        };

        DataFlash.WriteBlock(&pkt, sizeof(pkt));
    }
    static void Log_Write_Errors(){
        struct log_Errors pkt = {
            LOG_PACKET_HEADER_INIT(LOG_ERR_MSG),
            time_ms        : (hal.scheduler->millis()/100),
            error_x        : error.x,
            error_y        : error.y,
            error_z        : error.z,
            voltaje        : volt,
            corriente      : corriente_tot,
            comodin_5        : 0,
            comodin_6      : 0,
            comodin_7      : radio_throttle,
            alt_des        : ref.z,
            x_des          : ref.x,
            y_des          : ref.y,
        };
        DataFlash.WriteBlock(&pkt, sizeof(pkt));
    }
```

8.4 pose.pde 模块

pose.pde 模块包含 Trajectory()、update_Baro() 和 update_GPS() 函数。参
见清单 8-5。

清单 8-5　pose.pde 模块用于四轴飞行器的实时悬停控制

```
# define LED_DIM 0x11 // LED variable definition
static float dt; // delta of time

static uint32_t last_update;     // inertial navigation variable

////////                GPS
static void update_GPS(void){
    static uint32_t last_msg_ms;

      gps.update();

      if (last_msg_ms != gps.last_message_time_ms())
      {
          last_msg_ms = gps.last_message_time_ms();
          const Location &loc =gps.location();
          flag = gps.status();
      }

      uint32_t currtime = hal.scheduler->millis();
      dt = (float)(currtime - last_update) / 1000.0f;
      last_update = currtime;
      inertial_nav.update(dt);

      if(pos.x!=0 && flag >=3 && flag2==1){
          const Location &loc = gps.location();
          ahrs.set_home(loc);

          compass.set_initial_location(loc.lat, loc.lng);
          toshiba_led.set_rgb(0,LED_DIM,0);
          flag2 = 2;

      }

    pos_gps  = inertial_nav.get_position();
    vel_gps = inertial_nav.get_velocity();

    pos.x=((pos_gps.x)/100)-off.x;
    pos.y=((pos_gps.y)/100)-off.y;
    pos.z=((pos_gps.z)/100)-off.z;

    if(flag2==2){
        vel.x=((vel_gps.x)/100);
        vel.y=((vel_gps.y)/100);
    }
    vel.z=((vel_gps.z)/100);
}

static void update_Baro() {
    barometer.update();
    baro_alt=barometer.get_altitude();
```

```
}
static void Trajectory(){
    if(mode_flight==3 && s_time<=360){
    //posic
    ref.x=(-3*cos(s_time*(3.1416/180))+3)+off.x; // starts
    where it is currently placed

    ref.y=(-3*sin(s_time*(3.1416/180)))+off.y;
    ref.z=pos.z;
    //veloc
    ref_p.x=0; // remember the soft-flight mode but you can
                // paste here the time derivative
    ref_p.y=0;
    ref_p.z=0;
    }
}
```

接下来，介绍先前代码的相互依赖性。

请参见图 8-2。注意，通过模块化的概念以及相对于顺序编程方案的内部和外部函数，简化了此类交互，并且更易于理解。

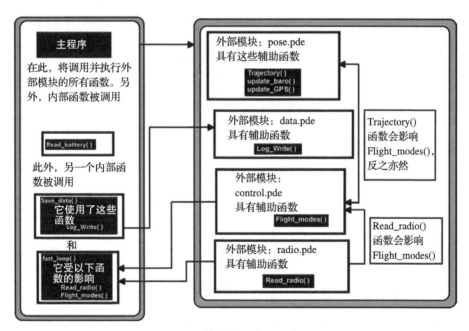

图 8-2　模块与主代码的关系

8.5　本章小结

在本章中，学习了以下内容：

❑ 如何在实时模式编写模块化的完整程序

❑ 如何将每个模块与程序的其余部分链接

❑ 如何用状态机表示飞行任务

你已经完成了本章的学习，但还是建议你阅读一下附录。在那里，你可以通过比较的方式了解类似的库及其命令。如果想设计新颖的飞行器，还可以了解全向性和推力矢量，有关长期运行的系留交通工具，我们的库版本安装过程，头文件的完整代码和代码的设置部分，如何设计四轴飞行器。如果想自己搜索更多内容，请从本书中获取一组有用的关键字。

参考资料

下面是一篇有趣的文章，详细介绍了 Pixhawk 的设计（如果你想设计自己的自动驾驶仪，则很有用）：

Lorenz Meier, Petri Tanskanen, Lionel Heng, Gim Hee Lee, Friedrich Fraundorfer, Marc Pollefeys, "PIXHAWK: A micro aerial vehicle design for autonomous flight using onboard computer vision," *Autonomous Robots* 33 (2012), no. 1-2, 21-39.

下面是一篇有趣的文章，补充了前一篇，为那些想要自己制作自动驾驶仪的人提供了实时任务设计的解释：

J. Rogelio Guadarrama-Olvera, Jose J. Corona-Sanchez, Hugo Rodriguez-Cortes, "Hard real-time implementation of a nonlinear controller for the quadrotor helicopter," *Journal of Intelligent & Robotic Systems* 73 (2014), no. 1-4, 81-97.

有关实时设计的大规模在线课程：

https://es.coursera.org/learn/real-time-systems

下面的网页解释了 C++ 中模块和"链接"的使用。注意，只要工作文件夹与主文件同名，附加到 ArduPilot 库的编译器就已经自动链接。在本文中，"模块"一词与主程序的独立子组件同义：

www.slothparadise.com/c-libraries-linking-compiling/

如果你想了解更多有关状态机及其机器人应用的信息，请阅读以下书籍：

Vojtech Spurny et al, "Cooperative autonomous search, grasping, and delivering in a treasure hunt scenario by a team of unmanned aerial vehicles," Wiley Online Library, 2018.

下面的网页介绍了 ArduPilot 库的实时使用：

http://ardupilot.org/dev/docs/code-overview-scheduling- your-new-code-to-run-intermittently.html?highlight=scheduler

附录 1
与其他 SDK 命令的比较

表 A1-1　与其他 SDK 的比较

任 务	C++ 中的 ArduPilot 命令	Python 中的 Dronekit 命令	PX4 C++ 消息 ROS 类逻辑
屏幕界面：读写	hal.console-> printf() hal.console-> read()	Print input() 或 raw_input()	PX4_INFO
远程控制读数或 RC 输入	hal.rcin-> read()	vehicle.channels [channel]	manual_control_ setpoint.msg
写入电机或 RC 输出	hal.rcout-> write()	不适用于电机，仅适用于车辆： send_ned_ velocity(vx,vy,vz, duracion)	actuator_controls. msg 针对车辆 actuator_direct. msg test_motor.msg 针对电机
模拟读数	ch=hal.analogin-> channel(channel) read=ch->voltage_ average()	外部，例如，树莓派的模拟端口	adc_report.msg
数字读写或 GPIO	hal.gpio->read(pin) hal.gpio-> write(pin,value)	外部，例如，树莓派上的 GPIO 库	gpio_led start
有线或无线串行 UART 读／写	hal.uart#->write() hal.uart#->read() 其中 #=A,B,C,D	外部，例如，使用树莓派	modules/mavlink
写入 SD 卡	DataFlash. WriteBlock (package,size)	外部通过使用树莓派或其他命令计算机 file.write 或 mavutil.mavlink_ connection(filename)	https://dev.px4. io/en/log/ulog_ file_format.html
时间调用或延迟	hal.scheduler-> millis() hal.scheduler-> delay()	time.sleep(time)	hrt_absolute_ time();

（续）

任　务	C++ 中的 ArduPilot 命令	Python 中的 Dronekit 命令	PX4 C++ 消息 ROS 类逻辑
电池读数	`battery.read()`	`vehicle.battery`	`battery_status.msg`
GPS 读取	`inertial_nav.get_position()` `inertial_nav.get_velocity();`	`vehicle.gps_0`	`vehicle_gps_position.msg` `vehicle_odometry.msg`
方向读取	`Ahrs` `ins.get_gyro()`	`vehicle.attitude`	`vehicle_odometry.msg` `sensor_combined.msg`
海拔读取	`barometer.get_altitude()`	`vehicle.location`	`vehicle_gps_position.msg` `vehicle_odometry.msg`
LED 灯	`toshiba_led.set_rgb(R,G,B);`	外部	`led_control.msg`
信号滤波	`LowPassFilter2p` `float filtername` `(parameters)` `filtername.apply` `(signal);`	外部，其他 Python 应用程序	`https://dev.px4.ii/en/middl eware/modules_estimesti.html`
观察结果	非常完整的库，可以充分使用自动驾驶仪，文档广泛，易于使用	有限使用的库，易于实施，良好的文档编制	最完整的库，难以使用且具有 ROS 样式，没有很好的文档记录
网页	`http://ardupilot.org/dev/docs/apmcopterprogramming-libraries.html`	`http://python.dronekit.io`	`https://dev.px4.io/en/`

附录 2
设置扩展代码

在每个新程序中必须放置以下代码。为了避免由于遗漏数据而导致错误，建议不要忽略其中的任何一个。在最佳情况下，仅建议根据需要添加更多行代码或将某些特定行封装在函数中，如先前在 SD 存储器写入中所示。

```
void setup()
{
    ins.init(AP_InertialSensor::COLD_START,AP_InertialSensor::
    RATE_400HZ);
    serial_manager.init_console();
    serial_manager.init();
    compass.init();
    compass.read();
    ahrs.set_compass(&compass);
    gps.init(NULL,serial_manager);
    barometer.init();
    barometer.calibrate();
    DataFlash.Init(log_structure, sizeof(log_structure)/
    sizeof(log_structure[0]));
        if (DataFlash.NeedErase()) {
            DataFlash.EraseAll();
            }
    log_num = DataFlash.StartNewLog();
    hal.scheduler->delay(100);
}
```

正如你所见，基本设置包括启动串行控制台（至少发送消息到一个终端），然后初始化指南针、惯性传感器、GPS、气压计和组合模块 AHRS（这样的自动驾驶仪才有位置和空间方位的概念），最后，初始化 SD 卡的存储模块。这个初始化程序是基本模式，有时，如相关章节所述，有必要增加一些线路（用于诸如电机、LED、电池、UART 串行通信以及模拟和数字端口等项目）。

附录 3
扩展头文件

必须将头文件信息放在每个代码文件中，这样才能执行程序。

还必须将以下标题行添加到每个新代码文件。它们包含 ArduPilot 库的所有必要函数的调用。建议不要修改它们，最好是仅添加必要的库。如果不确定要删除的库或命令，请不要删除任何代码行。请注意，它们几乎完全来自 ardupilot.pde 文件。只需复制并粘贴以下内容：

```
// place the header here //

// c libraries
#include <math.h>
#include <stdio.h>
#include <stdlib.h>
#include <stdarg.h>

// Common dependencies
#include <AP_Common.h>
#include <AP_Progmem.h>
#include <AP_Menu.h>
#include <AP_Param.h>
#include <StorageManager.h>
// AP_HAL
#include <AP_HAL.h>
#include <AP_HAL_AVR.h>
#include <AP_HAL_SITL.h>
#include <AP_HAL_PX4.h>
#include <AP_HAL_VRBRAIN.h>
#include <AP_HAL_FLYMAPLE.h>
#include <AP_HAL_Linux.h>
#include <AP_HAL_Empty.h>
#include <AP_Math.h>

// Application dependencies
#include <GCS.h>
#include <GCS_MAVLink.h>        // MAVLink GCS definitions
#include <AP_SerialManager.h>   // Serial manager library
```

```
#include <AP_GPS.h>                 // ArduPilot GPS library
#include <DataFlash.h>              // ArduPilot Mega Flash Memory
                                    // Library
#include <AP_ADC.h>                 // ArduPilot Mega Analog to
                                    // Digital Converter Library
#include <AP_ADC_AnalogSource.h>
#include <AP_Baro.h>
#include <AP_Compass.h>             // ArduPilot Mega Magnetometer
                                    // Library
#include <AP_Math.h>                // ArduPilot Mega Vector/Matrix
                                    // math Library
#include <AP_Curve.h>               // Curve used to linearlise
                                    // throttle pwm to thrust
#include <AP_InertialSensor.h>      // ArduPilot Mega Inertial
                                    // Sensor (accel & gyro) Library
#include <AP_AHRS.h>
#include <AP_NavEKF.h>
#include <AP_Mission.h>             // Mission command library
#include <AP_Rally.h>               // Rally point library
#include <AC_PID.h>                 // PID library
#include <AC_PI_2D.h>               // PID library (2-axis)
#include <AC_HELI_PID.h>            // Heli specific Rate PID
                                    // library
#include <AC_P.h>                   // P library
#include <AC_AttitudeControl.h>     // Attitude control library
#include <AC_AttitudeControl_Heli.h> // Attitude control
                                    // library for traditional
                                    // helicopter
#include <AC_PosControl.h>          // Position control library
#include <RC_Channel.h>             // RC Channel Library
#include <AP_Motors.h>              // AP Motors library
#include <AP_RangeFinder.h>         // Range finder library
#include <AP_OpticalFlow.h>         // Optical Flow library
#include <Filter.h>                 // Filter library
#include <AP_Buffer.h>              // APM FIFO Buffer
#include <AP_Relay.h>               // APM relay
#include <AP_ServoRelayEvents.h>
#include <AP_Camera.h>              // Photo or video camera
#include <AP_Mount.h>               // Camera/Antenna mount
#include <AP_Airspeed.h>            // needed for AHRS build
#include <AP_Vehicle.h>             // needed for AHRS build
#include <AP_InertialNav.h>         // ArduPilot Mega inertial
                                    // navigation library
#include <AC_WPNav.h>               // ArduCopter waypoint
                                    // navigation library
#include <AC_Circle.h>              // circle navigation library
#include <AP_Declination.h>         // ArduPilot Mega Declination
```

```
                                    // Helper Library
#include <AC_Fence.h>               // Arducopter Fence library
#include <SITL.h>                   // software in the loop support
#include <AP_Scheduler.h>           // main loop scheduler
#include <AP_RCMapper.h>            // RC input mapping library
#include <AP_Notify.h>             // Notify library
#include <AP_BattMonitor.h>        // Battery monitor library
#include <AP_BoardConfig.h>        // board configuration library
#include <AP_Frsky_Telem.h>
#if SPRAYER == ENABLED
#include <AC_Sprayer.h>            // crop sprayer library
#endif
#if EPM_ENABLED == ENABLED
#include <AP_EPM.h>               // EPM cargo gripper stuff
#endif
#if PARACHUTE == ENABLED
#include <AP_Parachute.h>         // Parachute release library
#endif
#include <AP_LandingGear.h>       // Landing Gear library
#include <AP_Terrain.h>
#include <LowPassFilter2p.h>
// AP_HAL to Arduino compatibility layer
#include "compat.h"
// Configuration
#include "defines.h"
#include "config.h"
#include "config_channels.h"

// lines referring to the times of the pixhawk autopilot, which
// works at 400mhz or 0.0025seconds or 2500 microseconds

# define MAIN_LOOP_RATE    400
# define MAIN_LOOP_SECONDS 0.0025f
# define MAIN_LOOP_MICROS  2500
// statements referring to the autopilot objects, for example,
// gps-type objects barometer, compass, DataFlash, etc., all of
// them will subsequently be invoked in the corresponding code

const AP_HAL::HAL& hal = AP_HAL_BOARD_DRIVER;
static AP_Scheduler scheduler;

static AP_GPS  gps;
static AP_Baro barometer;
static AP_InertialSensor ins;
static RangeFinder sonar;
static Compass compass;
static AP_SerialManager serial_manager;
static ToshibaLED_PX4 toshiba_led;
static AP_BattMonitor battery;
```

```
//Data, BE CAREFUL, WHEN YOU READ THE SD SECTION DELETE THIS
//BLOCK THERE
// you will learn how to use and external module and deep
// details about these declarations
#define  LOG_MSG           0x01
#if CONFIG_HAL_BOARD == HAL_BOARD_PX4
static DataFlash_File DataFlash("/fs/microsd/APM/LOGS");
#endif

struct PACKED log_Datos{
    LOG_PACKET_HEADER;
    uint32_t  time_ms;
    float  a_roll;
    float  a_pitch;
    float  a_yaw;
    float  pos_x;
    float  pos_y;
    float  pos_z;
};

static const struct LogStructure log_structure[] PROGMEM = {
        LOG_COMMON_STRUCTURES,
        {LOG_MSG, sizeof(log_Datos),
        "1", "Iffffff", "T_MS,ROLL,PITCH,YAW,X_POS,Y_POS,Z_
        POS"},
};

static uint16_t log_num;    //Dataflash

// Inertial Navigation EKF

#if AP_AHRS_NAVEKF_AVAILABLE
AP_AHRS_NavEKF ahrs(ins, barometer, gps, sonar);
#else
AP_AHRS_DCM ahrs(ins, barometer, gps);
#endif

static AP_InertialNav_NavEKF inertial_nav(ahrs);

// place your code here //
```

以前对这些库进行了简短描述。要获得更完整的参考资料，请查阅以下文档：

Alejandro Romero Galan, " Revision y modificacion del firmware de libre acceso arducopter para su uso en el proyecto airwhale," Thesis, Universidad de Sevilla, 2015（西班牙语）

```
http://ardupilot.org/dev/docs/apmcopter-programming-
libraries.html
https://github.com/ArduPilot/ardupilot/tree/master/libraries
```

附录 4
完整功能代码

以下是完整的代码，包括头文件和设置信息：

```
// paste the header here //

// c libraries
#include <math.h>
#include <stdio.h>
#include <stdlib.h>
#include <stdarg.h>

// Common dependencies
#include <AP_Common.h>
#include <AP_Progmem.h>
#include <AP_Menu.h>
#include <AP_Param.h>
#include <StorageManager.h>
// AP_HAL
#include <AP_HAL.h>
#include <AP_HAL_AVR.h>
#include <AP_HAL_SITL.h>
#include <AP_HAL_PX4.h>
#include <AP_HAL_VRBRAIN.h>
#include <AP_HAL_FLYMAPLE.h>
#include <AP_HAL_Linux.h>
#include <AP_HAL_Empty.h>
#include <AP_Math.h>

// Application dependencies
#include <GCS.h>
#include <GCS_MAVLink.h>          // MAVLink GCS definitions
#include <AP_SerialManager.h>     // Serial manager library
#include <AP_GPS.h>               // ArduPilot GPS library
#include <DataFlash.h>            // ArduPilot Mega Flash Memory
                                  // Library
#include <AP_ADC.h>               // ArduPilot Mega Analog to
                                  // Digital Converter Library
#include <AP_ADC_AnalogSource.h>
```

```
#include <AP_Baro.h>
#include <AP_Compass.h>              // ArduPilot Mega Magnetometer
                                     // Library
#include <AP_Math.h>                 // ArduPilot Mega Vector/Matrix
                                     // math Library
#include <AP_Curve.h>                // Curve used to linearise
                                     // throttle pwm to thrust
#include <AP_InertialSensor.h>       // ArduPilot Mega Inertial
                                     // Sensor (accel & gyro) Library
#include <AP_AHRS.h>
#include <AP_NavEKF.h>
#include <AP_Mission.h>              // Mission command library
#include <AP_Rally.h>                // Rally point library
#include <AC_PID.h>                  // PID library
#include <AC_PI_2D.h>                // PID library (2-axis)
#include <AC_HELI_PID.h>             // Heli specific Rate PID
                                     // library
#include <AC_P.h>                    // P library
#include <AC_AttitudeControl.h>      // Attitude control library
#include <AC_AttitudeControl_Heli.h> // Attitude control
                                     // library for traditional
                                     // helicopter
#include <AC_PosControl.h>           // Position control library
#include <RC_Channel.h>              // RC Channel Library
#include <AP_Motors.h>               // AP Motors library
#include <AP_RangeFinder.h>          // Range finder library
#include <AP_OpticalFlow.h>          // Optical Flow library
#include <Filter.h>                  // Filter library
#include <AP_Buffer.h>               // APM FIFO Buffer
#include <AP_Relay.h>                // APM relay
#include <AP_ServoRelayEvents.h>
#include <AP_Camera.h>               // Photo or video camera
#include <AP_Mount.h>                // Camera/Antenna mount
#include <AP_Airspeed.h>             // needed for AHRS build
#include <AP_Vehicle.h>              // needed for AHRS build
#include <AP_InertialNav.h>          // ArduPilot Mega inertial
                                     // navigation library
#include <AC_WPNav.h>                // ArduCopter waypoint
                                     // navigation library
#include <AC_Circle.h>               // circle navigation library
#include <AP_Declination.h>          // ArduPilot Mega Declination
                                     // Helper Library
#include <AC_Fence.h>                // Arducopter Fence library
#include <SITL.h>                    // software in the loop support
#include <AP_Scheduler.h>            // main loop scheduler
#include <AP_RCMapper.h>             // RC input mapping library
#include <AP_Notify.h>               // Notify library
```

```c
#include <AP_BattMonitor.h>      // Battery monitor library
#include <AP_BoardConfig.h>      // board configuration library
#include <AP_Frsky_Telem.h>
#if SPRAYER == ENABLED
#include <AC_Sprayer.h>          // crop sprayer library
#endif
#if EPM_ENABLED == ENABLED
#include <AP_EPM.h>              // EPM cargo gripper stuff
#endif
#if PARACHUTE == ENABLED
#include <AP_Parachute.h>        // Parachute release library
#endif
#include <AP_LandingGear.h>      // Landing Gear library
#include <AP_Terrain.h>
#include <LowPassFilter2p.h>
// AP_HAL to Arduino compatibility layer
#include "compat.h"
// Configuration
#include "defines.h"
#include "config.h"
#include "config_channels.h"

// lines referring to the times of the pixhawk autopilot, which
// works at 400mhz or 0.0025seconds or 2500 microseconds

# define MAIN_LOOP_RATE     400
# define MAIN_LOOP_SECONDS 0.0025f
# define MAIN_LOOP_MICROS   2500

// statements referring to the autopilot objects, for example,
// gps-type objects barometer, compass, DataFlash, etc., all of
// them will subsequently be invoked in the corresponding code
const AP_HAL::HAL& hal = AP_HAL_BOARD_DRIVER;
static AP_Scheduler scheduler;

static AP_GPS  gps;
static AP_Baro barometer;
static AP_InertialSensor ins;
static RangeFinder sonar;
static Compass compass;
static AP_SerialManager serial_manager;
static ToshibaLED_PX4 toshiba_led;
static AP_BattMonitor battery;

//Data, BE CAREFUL, WHEN YOU READ THE SD SECTION DELETE THIS
//BLOCK THERE
// you will learn how to use and external module and deep
// details about these declarations

#define  LOG_MSG         0x01
```

```
#if CONFIG_HAL_BOARD == HAL_BOARD_PX4
static DataFlash_File DataFlash("/fs/microsd/APM/LOGS");
#endif

struct PACKED log_Datos{
    LOG_PACKET_HEADER;
    uint32_t  time_ms;
    float  a_roll;
    float  a_pitch;
    float  a_yaw;
    float  pos_x;
    float  pos_y;
    float  pos_z;
};
static const struct LogStructure log_structure[] PROGMEM = {
        LOG_COMMON_STRUCTURES,
        {LOG_MSG, sizeof(log_Datos),
        "1", "Iffffff", "T_MS,ROLL,PITCH,YAW,X_POS,Y_POS,
        Z_POS"},
};

static uint16_t log_num;    //Dataflash

// Inertial Navigation EKF

#if AP_AHRS_NAVEKF_AVAILABLE
AP_AHRS_NavEKF ahrs(ins, barometer, gps, sonar);
#else
AP_AHRS_DCM ahrs(ins, barometer, gps);
#endif

static AP_InertialNav_NavEKF inertial_nav(ahrs);

// place your code here //

// paste the setup here //
void setup()
{
    ins.init(AP_InertialSensor::COLD_START,AP_InertialSensor::
    RATE_400HZ);
    serial_manager.init_console();
    serial_manager.init();
    compass.init();
    compass.read();
    ahrs.set_compass(&compass);
    gps.init(NULL,serial_manager);
    barometer.init();
    barometer.calibrate();
    DataFlash.Init(log_structure, sizeof(log_structure)/
    sizeof(log_structure[0]));
        if (DataFlash.NeedErase()) {
```

```
            DataFlash.EraseAll();
        }
    log_num = DataFlash.StartNewLog();
    hal.scheduler->delay(100);
}

void loop(void)
{

    hal.console->printf("Hello %d\n",hal.scheduler->micros());
    hal.scheduler->delay(50);
}

AP_HAL_MAIN();
```

附录 5
有用的关键字

以下是主题关键字的列表。随意使用它们以在 Web 浏览器中搜索更多信息。

- ❑ 四旋翼飞行器、四轴飞行器、飞机
- ❑ 悬停 – 高度、姿态 – 方向、转向
- ❑ 实时、面向对象编程、模块化编程、调度程序
- ❑ 欧拉角、横摇、俯仰、偏航、准速度
- ❑ 线性系统、线性化、非线性系统
- ❑ 自动驾驶仪、配套计算机 / 开发板
- ❑ SDK / 软件开发工具包、GUI / 图形用户界面
- ❑ 数据类型
- ❑ PWM / 脉冲宽度调制、PPM / 脉冲位置调制、RC
- ❑ 占空比
- ❑ BLDC / 无刷 DC、BDC / 有刷 DC、DC
- ❑ ESC / 电子速度控制、BEC / 电池消除电路、电源模块
- ❑ 螺旋桨、框架
- ❑ 校验和、缓冲区、GPIO / 通用输入输出
- ❑ 分配矩阵、推力矢量、系留无人机

附录 6
安装 ArduPilot 库

有多种安装库的方法，具体取决于操作系统、计算机平台和使用的代码编辑器。但是，此附录提供了基于 Windows 7、Vista 和 10 的 32/64 位操作系统的使用预加载的 Eclipse 接口简要安装说明（如果你的计算机上已经可以使用此接口，则可能需要进行其他更改）。

由于我们正在使用开源技术，因此在不事先通知的情况下处理更改非常普遍，这甚至可能影响安装模式。尽管本书提供了所有必要程序的集合（所有程序都是开源的和免费的），但如果要更新版本，建议你注意重要的更改。你还应该访问相应的论坛。

我们提醒你，这本书的最大范围是传播与这些技术有关的知识，并且不会超出任何个人项目的范围。对此有任何疑问，请参阅网络论坛。

"通用" 程序

1）安装驱动程序。

2）下载库。

3）下载编译器。

4）编译库。

5）自定义代码编辑界面。

6）编写自定义代码。

7）编译并测试。

安装要求：32 位或 64 位 Windows Vista 或更高版本的操作系统，用于执行开发接口的 4GB RAM 和用于使用 Pixhawk 的 USB 2.0 端口。

安装步骤

1）下载所有软件：库、驱动程序、编译器、Mission Planner 和说明。请参阅图 A6-1。

2）不修改任何内容，将 GitH 文件夹放在以下地址

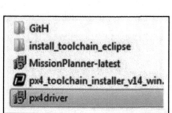

图 A6-1　提供的软件

中，验证文件夹名称中没有重音符号、空格或特殊字符：C:\Users\UserName\Documents 例如，这是可行的：

C:\Users\Fonseca\Documents

再例如，因为重音的问题，这样不行：

C:\Users\León\Documents

3）复制完 GitH 文件夹后，请确保目录名称由 50 个字符组成，从"C:"到"ardupilot"文件夹。

例如，以下可行，因为它具有 41 个字符：

C:\Users\Fonseca\Documents\GitH\ardupilot

这样不行，因为它有 51 个：

C:\Users\FonsecaMendezMend\Documents\GitH\
ardupilot

为了使其正常运行，可以减少 GitHub 文件夹的名称（只能修改此文件夹，更改其他文件夹将影响用户的计算机）：

C:\Users\FonsecaMendezMend\Documents\Gi\
ardupilot

现在它有 49 个字符，因此可以。

请注意，如果字符或空格超过 50 个，或者带有重音符号，则仍可以通过创建符合上述要求的新管理员用户账户来安装这些库。在此之前，必须确保已从实际用户账户中删除了所有安装文件夹。

4）安装 Pixhawk 驱动程序。参见图 A6-2。

图 A6-2　自动驾驶仪驱动程序

5）在出现的辅助窗口中单击"确定"、"下一步"、"接受"或"安装"按钮。参见图 A6-3。

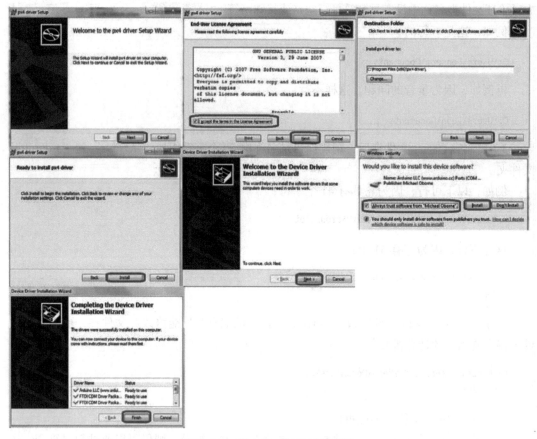

图 A6-3   第 1 步：驱动程序安装

6）出现此窗口时，表明驱动程序已正确安装。单击"完成"将其关闭。参见图 A6-4。

图 A6-4   第 2 步：驱动程序安装

7）安装工具链，它是包含库的编译器和开发接口（Eclipse 版本）的软件。

8）在安装之前，请验证步骤 1 中创建的 ardupilot 文件夹是否存在，参见图 A6-5。

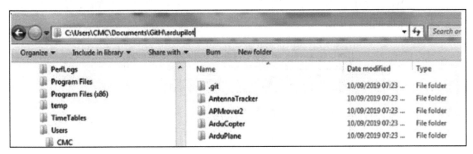

图 A6-5　第 1 步：工具链安装

9）运行工具链。参见图 A6-6。

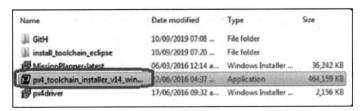

图 A6-6　第 2 步：工具链安装

10）在出现的窗口中单击"确定"、"下一步"、"接受"和"安装"按钮。参见图 A6-7。

图 A6-7　第 3 步：工具链安装

编译库

1）在 Windows"开始"菜单中，键入" px"。你应该会自动看到名为 PX4 Console 的程序。运行它。请参见图 A6-8。

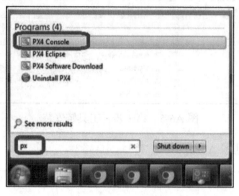

图 A6-8 第1步：编译过程

2）执行该程序时，应出现如图 A6-9 所示的辅助屏幕（请注意，为了本书的展示目的，颜色已反转）。

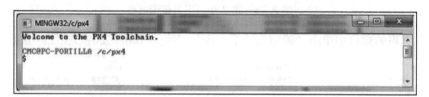

图 A6-9 第2步：编译过程

3）使用 linux 类命令 cd 和 ls 移至 ArduCopter 文件夹。参见图 A6-10。

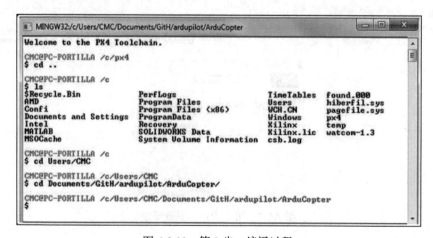

图 A6-10 第3步：编译过程

4）到那里后，执行 `make px4-v2` 命令，该命令将编译要在 Pixhawk 的 fmuv2 系列中使用的库，包括克隆版本。参见图 A6-11。

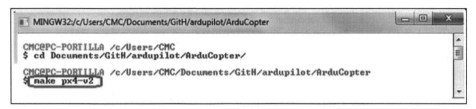

图 A6-11 第 4 步：编译过程

5）只要有时间和耐心，如果编译成功，将自动出现以下消息："PX4 ArduCopter 固件位于 ArduCopter-v2.px4 中。"使用 `exit` 命令或按 X 按钮关闭窗口。参见图 A6-12。

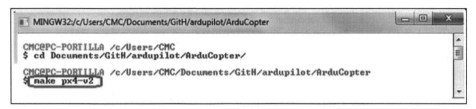

图 A6-12 第 5 步：编译过程

此过程中的一个常见错误是消息，提示找不到 `Arducopter.pde` 文件。解决该问题的方法是通过 Windows 资源管理器在要编译的目录中搜索具有类似名称的文件，例如 `arducopter.pde`。重命名它，使其与错误指示的名称大小写匹配，并从 `make px4-v2` 命令重复该过程。

从 Eclipse 编辑器的预加载版本进行界面定制和重新编译

1）在 Windows "开始"菜单中，键入"px"。名为 PX4 Eclipse 的程序将自动出现，运行它。请参见图 A6-13。

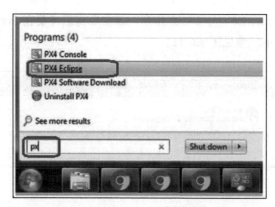

图 A6-13   第 1 步：代码编辑器定制

2）单击下一个窗口中的"确定"按钮。可能需要一段时间才能出现。请参见图 A6-14。

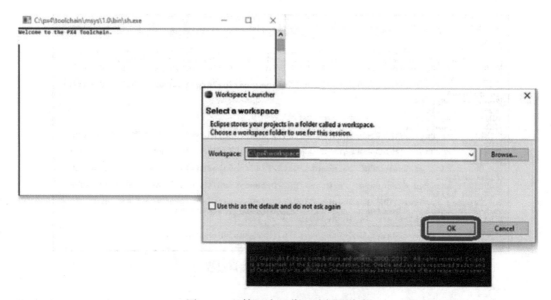

图 A6-14   第 2 步：代码编辑器定制

当按下"确定"按钮时，会出现在此过程中发生的第二个常见问题。如果显示警告消息或窗口自动关闭，则意味着必须更新 JAVA 开发包。它被称为 jdk-8u111-windows-i586.exe。在这种情况下，我们必须小心，因为它是第三方依赖项，所以我们仅提供文件的全名作为参考。

安装更新后，请从第 1 步开始重复此过程（此更新的下载地址及其许可证类型在本书开头的"许可证"部分中）。

3）如果没有错误，将出现图 A6-15 中的界面。通过单击"欢迎"选项卡中的 X 将其关闭。

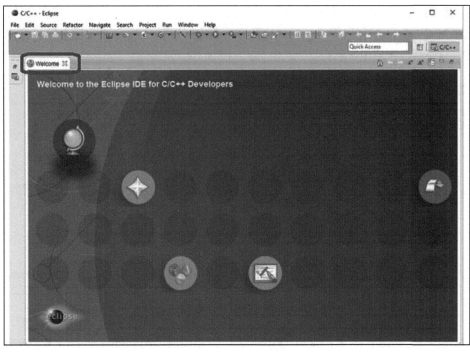

图 A6-15　第 3 步：代码编辑器定制

4）修改首选项以使用空格代替制表符。某些编程语言使用制表符，但 ArduPilot 库使用空格，因此请参见图 A6-16。这是路径：窗口➤首选项➤常规➤编辑器➤文本编辑器➤为制表符插入空格➤应用➤确定。

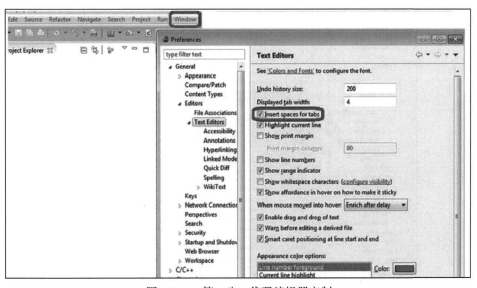

图 A6-16　第 4 步：代码编辑器定制

5）修改首选项，以使代码样式使用空格而不是缩进。请参见图 A6-17。这是路径：窗口
➤首选项➤ C / C ++ ➤代码样式➤格式化程序➤新建➤编写" K & R 选项卡"➤将"缩进"
设置为"仅空格"➤应用➤确定。

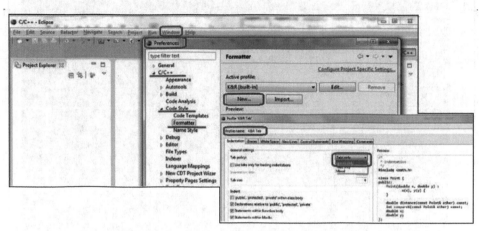

图 A6-17   第 5 步：代码编辑器定制

6）将带有 .pde 扩展名的文件与 C++ 源代码相关联（ArduPilot 库的许多源文件都具
有 .pde 扩展名）。请参见图 A6-18。这是路径：窗口➤首选项➤ C / C++ ➤文件类型➤新建
➤编写" * .pde"➤将类型更改为 C++ 源文件➤确定➤确定。

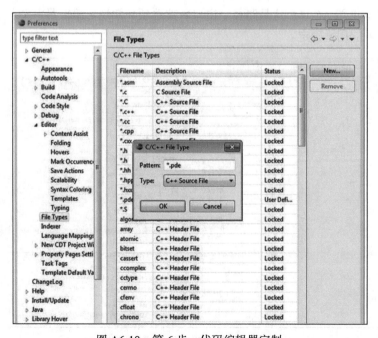

图 A6-18   第 6 步：代码编辑器定制

7）加载 ArduCopter 项目。请参见图 A6-19。这是路径：文件➤新建➤使用已有代码的 Makefile 项目。

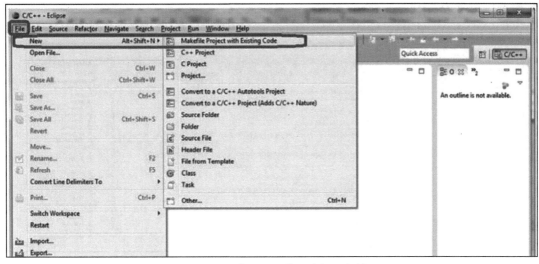

图 A6-19　第 7 步：代码编辑器定制

8）在接下来出现的辅助窗口中，选择 C 和 C++ 语言复选框。搜索 `ArduCopter` 文件夹，如果选择正确，ArduCopter 项目将自动出现（请注意，主项目与文件夹共享名称）。选择 "Cross GCC" 选项，然后单击 "完成" 按钮。请参见图 A6-20。

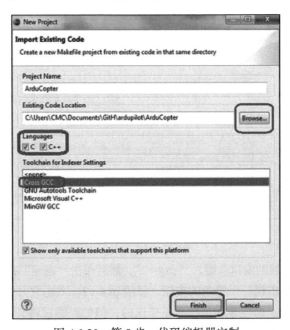

图 A6-20　第 8 步：代码编辑器定制

9）在项目浏览器中，将加载 ArduCopter 项目和所有辅助文件。搜索名为 `ArduCopter.pde` 的主文件。打开它，在右侧找到一个名为 Make 的绿色按钮（在标有"Quick Access"的标志下）。见图 A6-21。

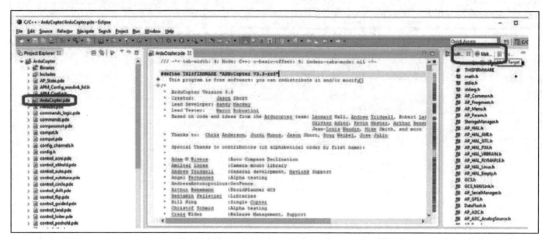

图 A6-21　第 9 步：代码编辑器定制

10）按下名为 Make 的绿色按钮时，它应显示 `ArduCopter` 项目文件夹。右键单击该文件夹。你应该看到另一个绿色按钮，显示"新建"。点击它。请参见图 A6-22。

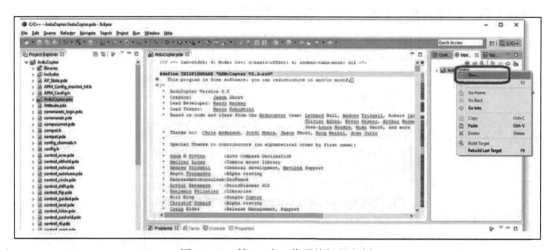

图 A6-22　第 10 步：代码编辑器定制

11）将会出现一个辅助窗口。键入"px4-v2"，然后单击"确定"按钮。请参见图 A6-23。

12）文件夹下方将出现一个绿色的按钮，显示 px4-v2。双击它开始编译。

永远不要停止编译。即使你知道代码是错误的，但如果尝试将其停止，它将在计算机的运行中产生一般错误。请参阅图 A6-24。

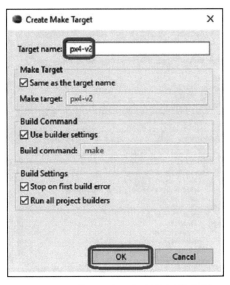

图 A6-23　第 11 步：代码编辑器定制

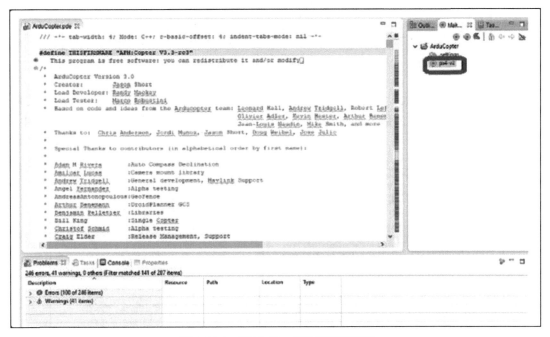

图 A6-24　第 12 步：代码编辑器定制

13）在下方菜单中，转到控制台部分，忽略问题部分。如果一切都正确完成，则经过相当长的编译时间后，将显示消息"Firmware is in ArduCopter-v2.px4"应出现在"控制台"菜单中，然后是完成的确切日期和时间以及消息"Build Finished"。请参见图 A6-25。

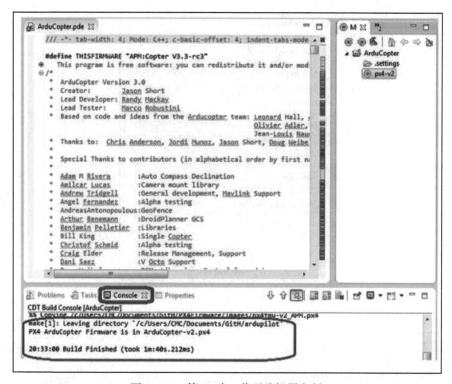

图 A6-25 第 13 步：代码编辑器定制

14）在 `ArduCopter` 文件夹中检查 `ArduCopter-v2.px4` 文件是否存在，并且其修改日期与上一点中所示的是否完全一致。扩展名为 `.px4` 的文件将被上传到自动驾驶仪中。参见图 A6-26。

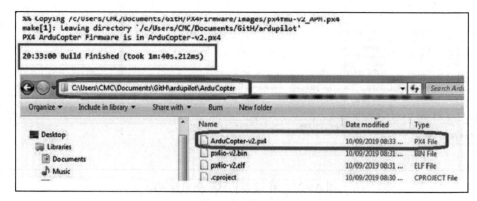

图 A6-26 第 14 步：代码编辑器定制

15）在 `ardupilot` 文件夹中，有一个名为 `hellodrone` 的目录。加载项目并尝试对其进行编译。然后重复"使用 Eclipse 创建新项目"一节中所述的创建新项目的过程。尝试使用前面显示的代码示例之一（有关终端写入或读取的项目是一个很好的起点）。

将"*.px4"文件上传到自动驾驶仪

1）安装 Mission Planner。参见图 A6-27。

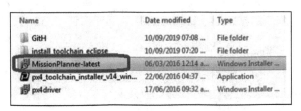

图 A6-27　第 1 步：将代码上传到自动驾驶仪

2）根据需要多次单击"安装""接受""确定""下一步"或"完成"按钮，如图 A6-28 所示。

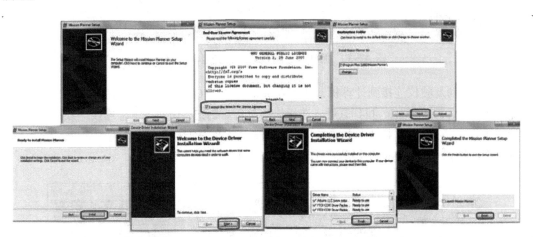

图 A6-28　第 2 步：将代码上传到自动驾驶仪

从此刻开始，在一系列步骤中切勿按下"连接"按钮。参见图 A6-29。

图 A6-29　将代码上传到自动驾驶仪警告

3）打开 Mission Planner，丢弃有关新更新的所有消息，然后转到"初始设置"选项卡。
搜索"安装固件"选项卡。如果出现意外错误消息，请忽略它。见图 A6-30。

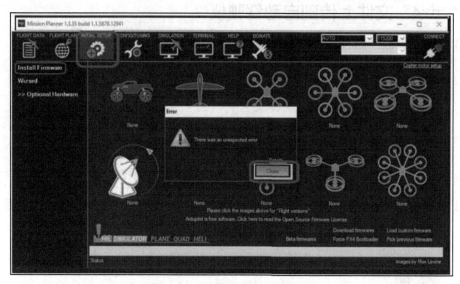

图 A6-30　第 3 步：将代码上传到自动驾驶仪

4）将自动驾驶仪连接到计算机，然后在标记有 AUTO 标签的下拉列表中查找它，它通
常显示为 COM PX4 FMU。找到它后，选择你的设备。切记：切勿按下"连接"按钮。现在，
查找"加载自定义固件"按钮。如果未出现，请尝试安装早期或最新的 Mission Planner 版本，
直到启用此按钮。此按钮对于加载自定义软件至关重要。参见图 A6-31。

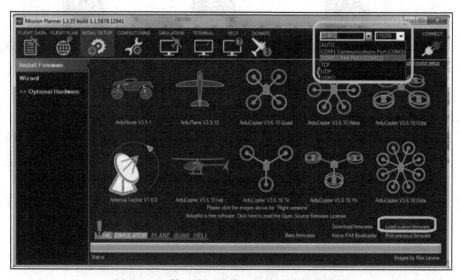

图 A6-31　第 4 步：将代码上传到自动驾驶仪

5）当出现"加载自定义固件"按钮时，单击它。将会出现一个辅助框，你必须在其中指出要上传到自动驾驶仪中的 ＊.px4 文件的位置。选择它，单击"打开"按钮，然后按照屏幕上的说明进行操作。请参见图 A6-32。

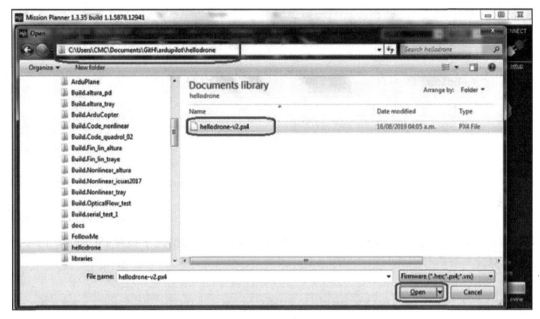

图 A6-32　第 5 步：将代码上传到自动驾驶仪

6）如果上传成功，将显示一条消息：在听到蜂鸣器的声音之前不要断开连接。单击"确定"按钮。现在自动驾驶仪可以断开并使用。Mission Planner 也可以关闭。参见图 A6-33。

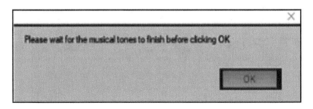

图 A6-33　第 6 步：将代码上传到自动驾驶仪

先前加载程序的终端测试

1）重新连接 Pixhawk，记住上面步骤 4 中分配的地址。如果你不知道该地址，请在设备和打印机或 Windows 设备管理器中查找。

2）打开所需的终端程序（我们使用 Terminal.exe），然后选择分配给 Pixhawk 自动驾驶仪的 COM 端口。参见图 A6-34。

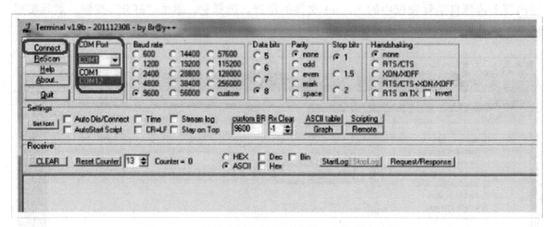

图 A6-34   使用串行终端测试代码，通用程序步骤 2

3）按终端上的"连接"按钮。如你所见，使用命令 hal.console-> printf() 可以显示程序中显示的所有信息。切勿在未按下断开按钮的情况下拔掉 Pixhawk。请参见图 A6-35。

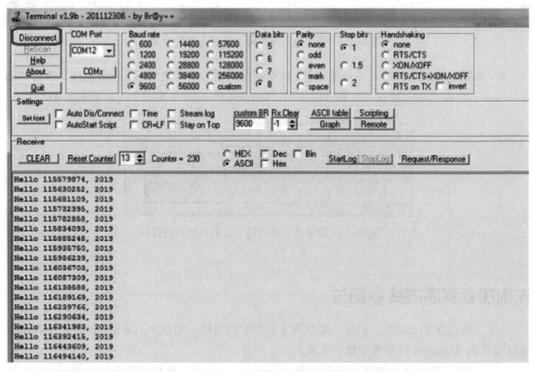

图 A6-35   使用串行终端测试代码，通用程序步骤 3

参考资料和建议的网站

有关 ArduPilot 库的不同安装类型的网站：

`http://ardupilot.org/dev/docs/building-the-code.html`

有关本附录中特别介绍的安装类型的网站：

`http://ardupilot.org/dev/docs/building-setup-windows.`
`html#building-setup-windows`
`http://ardupilot.org/dev/docs/building-px4-with-make.`
`html#building-px4-with-make`
`http://ardupilot.org/dev/docs/editing-the-code-with-eclipse.`
`html#editing-the-code-with-eclipse`

附录7

推力矢量

通过控制包括辅助伺服系统在内的每个电机，ArduPilot库和Pixhawk自动驾驶仪成了一个功能强大的团队。这些功能之一是设计不寻常或不存在的系统的可行性。为此，提出了两个概念：推力矢量和全向性。

推力矢量是调节电机主推力方向的能力。这可以通过几种方法来实现。参见图A7-1。

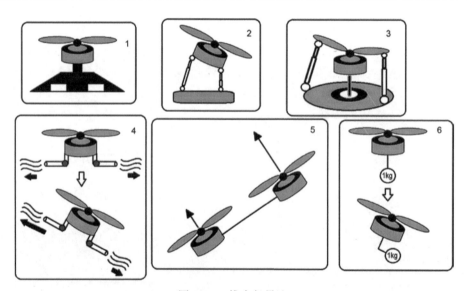

图 A7-1 推力矢量法

1.带有襟翼：数十年来，飞机、轮船和车辆一直使用这种方法。它使用一台或多台固定的主引擎，襟翼用于偏转气流（它们通常放置在机翼或机尾上）。一旦主要气流被重定向，飞机就可以改变其飞行方向。

2.电机的直接运动：这种方法在玩具飞机上是可行的，因为它涉及直接移动一个已在高速旋转的完整电机，而移动一个高速旋转的物体需要伺服系统施加很多力量来推动这个引擎（由于陀螺效应）。它也已经在船上使用了几十年，驾驶员移动舵或方向舵，使主引擎推动船只的方向偏转。

3. 直接移动螺旋桨叶片：这在大型飞机（例如直升机）中非常有用。它可以使飞机偏转而无须移动主旋翼——只需通过循环板或集合板或斜盘移动叶片的方向即可。

4. 使用气动和真空方法：这与襟翼的使用类似，但是使用的管吹空气、液体或产生真空以转移螺旋桨推动的主要气流。

5. 多种引擎的效果有所不同：这是四轴飞行器无人机的工作原理。所有电机在刚体中都有固定的位置和旋转方向，通过有选择地改变每个电机的转速来实现沿不同方向的运动。

6. 随着内置质量块的运动：在这种情况下，将使用放置在飞行器重心中的"巨大"物体。如果需要改变方向，则移动该质量块，并迫使飞行器沿已放置此质量块的方向移动。这个例子已经在轮滑鞋、皮划艇和摩托车上使用了数十年，在这些地方，驾驶员为了改变方向，必须将身体向想要移动的一侧倾斜。

附录 8
全 向 性

通过使用前面介绍的矢量化方法之一，可以引入全向性的概念。基本上，它为飞行器提供了完全机动性或无论方位如何都能达到所到达位置的能力。

例如，标准四轴飞行器不能同时倾斜和保持漂浮，因为当它倾斜时，它倾向于沿倾斜方向移动。

但是，如果标准四轴飞行器（或水下航行器）配备了不同于其平面配置的额外电机（例如，每个电机都有单独的矢量化器），那么你可以获得的系统可以在空间中的任意点以可变且独立的方向漂浮（也许是全移动，也许受限制）。请参见图 A8-1。

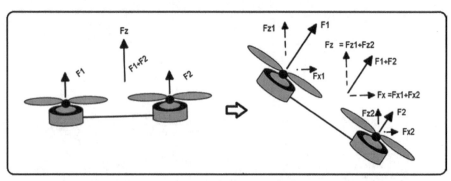

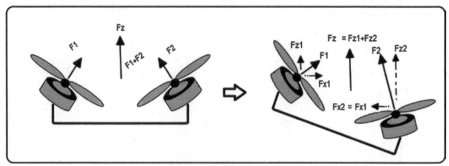

图 A8-1　如何获得全向性

请注意，这种控制不再像这里介绍的四轴飞行器那样简单，你必须阅读有关特技或攻击性机动的几何方法。

总之，使用 ArduPilot 库和 Pixhawk 自动驾驶仪，全向性是高度可行的，但它需要更多地融入数学理论。

参考资料和建议的网站

有关不同类型的矢量化的文章：

J. Pascoa, A. Dumas, M. Trancossi, P. Stewart, D. Vucinic. "A review of thrust-vectoring in support of a v/stol non-moving mechanical propulsion system." *Open Engineering*, 3(3):374-388, 2013.

C. Bermes, S. Leutenegger, S. Bouabdallah, D. Schafroth, R. Siegwart. "New design of the steering mechanism for a mini coaxial helicopter." In *Intelligent Robots and Systems, 2008. IROS 2008. IEEE/RSJ International Conference on*, pages 1236-1241. IEEE, 2008.

J. Paulos, M. Yim. "Cyclic blade pitch control for small uav without a swashplate." In *AIAA Atmospheric Flight Mechanics Conference*, page 1186, 2017.

X. Yuan, J. Zhu. "Inverse dynamic modeling and analysis of a coaxial helicopters swashplate mechanism." *Mechanism and Machine Theory*, 113:208-230, 2017.

关于全向飞机的文章：

D. Brescianini, R. D'Andrea. "Design, modeling and control of an omni-directional aerial vehicle." In *Robotics and Automation (ICRA), 2016 IEEE International Conference on*, pages 3261-3266. IEEE, 2016.

M. Tognon, A. Franchi. "Omnidirectional aerial vehicles with unidirectional thrusters: Theory, optimal design, and control." *IEEE Robotics and Automation Letters*, 3(3):2277-2282, 2018.

A. Nikou, G. C. Gavridis, K. J. Kyriakopoulos. "Mechanical design, modelling and control of a novel aerial manipulator." In *Robotics and Automation (ICRA), 2015 IEEE International Conference on*, pages 4698-4703. IEEE, 2015.

矢量化和全向性在空中机器人操纵器中的应用：

J. Mendoza-Mendoza, G. Sepulveda-Cervantes, C. Aguilar-Ibanez, M. Mendez, M. Reyes-Larios, P. Matabuena, J. Gonzalez-Avila. "Air-arm: A new kind of flying manipulator." In *Research, Education and Development of Unmanned Aerial Systems (RED-UAS), 2015 Workshop on*, pages 278-287. IEEE, 2015.

www.inrol.snu.ac.kr/

S. Park, J. Her, J. Kim, D. Lee. "Design, modeling and control of omni-directional aerial robot." In *Intelligent Robots and Systems (IROS), 2016 IEEE/RSJ International Conference on*, pages 1570-1575. IEEE, 2016.

M. Zhao, T. Anzai, F. Shi, X. Chen, K. Okada, M. Inaba. "Design, modeling, and control of an aerial robot dragon: A dual-rotor-embedded multilink robot with the ability of multi-degreeof-freedom aerial transformation."*IEEE Robotics and Automation Letters*, 3(2):1176-1183, 2018.

www.jsk.t.u-tokyo.ac.jp/~chou/

D. Mellinger, M. Shomin, N. Michael, V. Kumar. "Cooperative grasping and transport using multiple quadrotors."In *Distributed autonomous robotic systems*, pages 545-558. Springer, 2013.

全向飞行器的控制方法:

T. Lee. "Geometric controls for a tethered quadrotor uav."In *Decision and Control (CDC), 2015 IEEE 54th Annual Conference on*, pages 2749-2754. IEEE, 2015.

D. Lee, C. Ha, Z. Zuo. "Backstepping control of quadrotor-type uavs and its application to teleoperation over the internet."In *Intelligent Autonomous Systems 12*, pages 217-225. Springer, 2013.

D. Mellinger, N. Michael, V. Kumar. "Trajectory generation and control for precise aggressive maneuvers with quadrotors."*The International Journal of Robotics Research*, 31(5):664-674, 2012.

H. Abaunza, P. Castillo, A. Victorino, R. Lozano. "Dual quaternion modeling and control of a quad-rotor aerial manipulator."*Journal of Intelligent & Robotic Systems*, pages 1-17, 2017.

附录 9
扩展功率的方法

作为一个好奇的读者，你已经意识到这些飞行器消耗大量能量。单个基本无刷电机平均消耗 12V 和 10A。这意味着要使用高电流能源和至少 500 瓦的功率。尽管锂电池具有这些特性和便携性，但它们在普通飞行器中只能持续飞行 10 到 30 分钟。为了满足此级别的功耗，市场上只有三种扩展能源的方法：

- **内燃**：在这种情况下，航空模型中使用了称为辉光引擎的电机。但是，它们在多轴飞行器上的应用很困难，这只是最近研究的问题。
- **太阳能**：太阳能电池必须占据的区域仅在固定翼飞机上可用。小型旋转翼飞机和多轴飞行器的研究正在进行中。
- **直接电气连接**：这是可行的方法，只要你将无人机的脐带缆线固定在地面或车辆上即可。在这种情况下，地源通过一系列变压器为车辆提供必要的电源。这是一个有趣的选择，因为工作功率允许将一根细电缆以高电压和低电流运行，然后转换为低电压和高电流，从而实现长达 500 米的移动独立性。这种方法非常普遍，你可以通过搜索"系留的无人机"或"系留的车辆"找到更多有关此方法的信息。请参见图 A9-1。

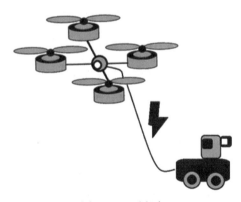

图 A9-1　系留车

参考资料和建议的网站

北约 Morus 计划：

www.fer.unizg.hr/morus

关于无人机的已知能源的简短讨论：

www.techinasia.com/talk/6-known-ways-power-a-drone

有关应用于无人飞行器的内燃机控制的论文和文章：

Paul D. Fjare. "Feedback speed control of a small two-stroke internal combustion engine that propels an unmanned aerial vehicle." Master's

thesis, University of Nevada, 2014.
Tomislav Haus, Marko Car, Matko Orsag, Stjepan Bogdan. "Identification results of an internal combustion engine as a quadrotor propulsion system, Control and Automation (MED)." *2017 25th Mediterranean Conference on, IEEE, 2017*, pp. 713-718.

太阳能无人机的文章：

M. Hasan Shaheed, Aly Abidali, Jibran Ahmed, Shakir Ahmed, Irmantas Burba, Pourshid Jan Fani, George Kwofie, Kazimierz Wojewoda, Antonio Munjiza. "Flying by the sun only: The solarcopter prototype." *Aerospace Science and Technology 45* (2015), 209-214.

有关"系留"无人机或具有专门电气扩展的无人机的文章：

Beom W. Gu, Su Y. Choi, Young Soo Choi, Guowei Cai, Lakmal Seneviratne, Chun T. Rim. "Novel roaming and stationary tethered aerial robots for continuous mobile missions in nuclear power plants." *Nuclear Engineering and Technology 48* (2016), no. 4, 982-996.

Christos Papachristos, Anthony Tzes. "The power-tethered uav-ugv team: A collaborative strategy for navigation in partially-mapped environments, Control and Automation (MED)." *2014 22nd Mediterranean Conference of, IEEE, 2014*, pp. 1153-1158.

待售的系留设备：搜索关键字"系留无人机"

http://sph-engineering.com/airmast
http://elistair.com

无人机和其他交通工具的未来无线功率以及当前能源技术的最新水平：

Chun T. Rim, Chris Mi. *Wireless Power Transfer for Electric Vehicles and Mobile Devices*, John Wiley & Sons, 2017.

紧凑而坚固的转换器，可用于系留无人机设计：

www.vicorpower.com/

附录 10
四轴飞行器设计总结

多轴飞行器的设计过程以流程图说明。这考虑了在设计过程中被认为是标准且常见的三个方面：主体或飞行器、大脑或自动驾驶仪以及外部控件或无线电控件的选择。请注意，传感器的选择已被省略，因为这在最终用户中是一项非常多变的任务。

例如，一些用户需要照相机，一些用户更喜欢激光雷达、超声等。有关这方面的更多信息，请参阅本附录的参考书目。

飞行器设计

飞行器设计如图 A10-1 所示。

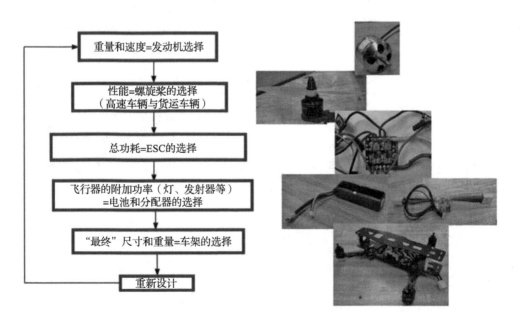

图 A10-1　多轴飞行器设计

1）移动重量 + 最大飞行速度：这一点与电机的选择有关。

2）飞行性能（是敏捷型、货物型、还是混合型？）：在于对螺旋桨的选择。

3）电机和螺旋桨功耗：这意味着需要选择 ESC 和 BEC。

4）总功耗 = ESC 功耗 + 无人机的其余部分（无线电、稳定器、照相机等）：这与电池的选择有关。

5）基于先前设备选择的总尺寸：这与机架的选择有关。

6）完整的设计意味着你已经准备好构建。否则，重新设计意味着返回步骤 1。

自动驾驶仪的选择

自动驾驶仪选择如图 A10-2 所示。

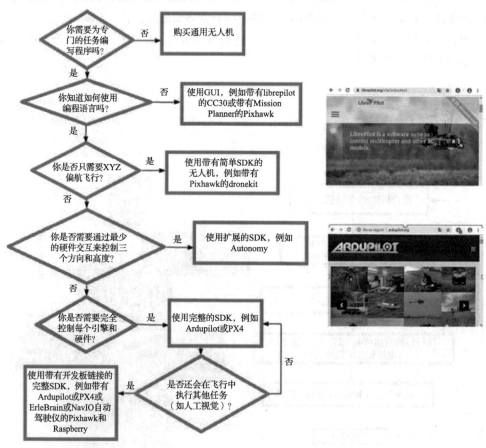

图 A10-2　多轴自动驾驶仪选择

1. 可以通过手动操作完成所需的应用程序吗？请记住，GUI 具有非常健壮的控件，而 SDK 允许读者以尽可能少的细节进行操作，但是控件及其健壮性将由用户设计。

如果答案是肯定的，则使用基于 GUI 类型 CC3D 的自动驾驶仪。

如果答案是否定的，请使用基于 SDK 的自动驾驶仪（如果你知道如何编程）。

2. 应用程序是否要求特定的飞行模式 X Y Z 和转弯角度？

如果是，则可以使用 Mission Planner 脚本或简化的 SDK。

3. 如果不是，应用程序是否需要具有总角度变化和高度的飞行模式？

如果是，请寻找扩展的 SDK。

4. 如果不是，应用程序是否要求对每个引擎进行独立控制（例如，不存在的新原型）？

如果是，则必须寻找完整的 SDK（如 ArduPilot）和良好的自动驾驶仪（如 Pixhawk）。

5. Pixhawk 是否足以完成你的任务？

如果不是，请使用与自动驾驶仪相结合的开发板，例如 ErleBrain。

遥控器的选择

图 A10-3 显示了遥控器的选择。

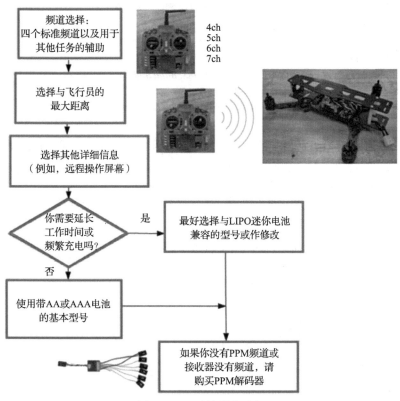

图 A10-3　遥控器的选择

1. 除了四个基本动作外，还需要执行多少任务？例如，一个六个频道的无线电设备，其中两个附加频道是开 / 关类型的操纵杆，将有总共四种组合用于其他四个任务：

Aux1 开 Aux2 开

Aux1 开 Aux2 关

Aux1 关 Aux2 开

Aux1 关 Aux2 关

结果 = 四频道广播 + 额外频道数

2. 确定最大范围距离。

3. 确定附加特性。

4. 你想延长操作时间吗？

如果是，请选择带有可选锂电池电源的型号。

5. 你的控件是否有 PPM 端口？ 如果没有，则必须购买适配器。

参考资料和网站

有助于理解和选择多轴飞行器各种组件的制作者风格书籍：

II Davis, Robert James. *Arduino Flying Projects: How to Build Multicopters, from 100mm to 550mm*, CreateSpace Independent Publishing Platform, 2017.

Terry Kilby, Belinda Kilby. *Getting Started with Drones: Build and Customize Your Own Quadcopter*, Maker Media, Inc., 2015.

Vasilis Tzivaras. *Building a Quadcopter with Arduino*, Packt Publishing Ltd, 2016.

一篇非常完整的文章，从科学的角度论述了多轴飞行器的设计、建模和控制过程：

Hyunsoo Yang, Yongseok Lee, Sang-Yun Jeon, Dongjun Lee. "Multi-rotor drone tutorial: systems, mechanics, control and state estimation." *Intelligent Service Robotics 10*, 2017, no. 2, 79–93.

在 Mission Planner 中使用 Python 脚本：

```
http://ardupilot.org/planner/docs/using-python-scripts-in-mission-planner.html
https://github.com/ArduPilot/MissionPlanner/tree/master/Scripts
```

关于 Parrot Bebop 的 SDK 自治：

```
https://bebop-autonomy.readthedocs.io/en/latest/
```

在不同的平台上，ArduPilot 库支持预建的无人机和导航卡：

```
http://ardupilot.org/dev/docs/building-the-code.htm
```

备选项目 Crazyflie：

```
www.bitcraze.io/getting-started-with-development/
```

附录 11
使用头文件

你可能想使用扩展头文件（defines.h、configs.h 和 compat.h）中未包含的其他头文件。在以下限制下，这是可能的。本书随附的 ArduPilot 库的分发仅限于内部库（与项目相关的内部库）使用。这样，只能使用内部头文件（在项目文件夹中定义）。此外，这些头文件必须在扩展名为 .h 的单个文件中包含声明和定义（这与许多软件项目中以 .h 文件表示声明，在 .c 或 .cpp 文件中表示定义的方式不同）。

话虽如此，我们建议生成包含非常简单的定义、常量或函数（端口寄存器、控制常量、通信速度等）的头文件。

使用头文件的任何其他方式，例如使用 ArduPilot 之外的外部库中的命令，均由你负责。这样，你可以在论坛中搜索或通过论坛进行验证，以了解 ArduPilot 库的最新版本或替代版本是否有改进。

注意：不要尝试在头文件中调用扩展头文件。由于使用本书附带的发行版进行编译的原因，Eclipse 不会检测到头文件中编码的扩展头文件。你必须将扩展头文件复制到每个项目的主文件中。

指出了这些头文件的特性和限制之后，创建它们的过程如下：

1. 在 Eclipse 中，右键单击项目文件夹，查找"新建"选项卡，然后搜索并单击"头文件"。请参见图 A11-1。

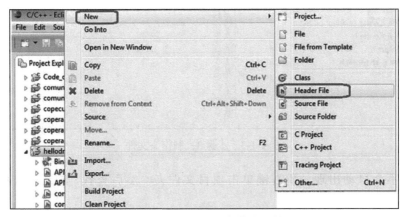

图 A11-1　步骤 1：制作头文件

2. 接下来，你必须分配一个扩展名为 .h 的名称。在这个例子中是 aloh.h。然后单击"完成"按钮。请参见图 A11-2。

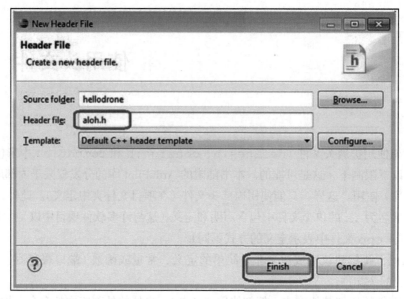

图 A11-2　步骤 2：制作头文件

3. 创建后，将自动出现。现在打开文件并进行编辑。请参见图 A11-3。

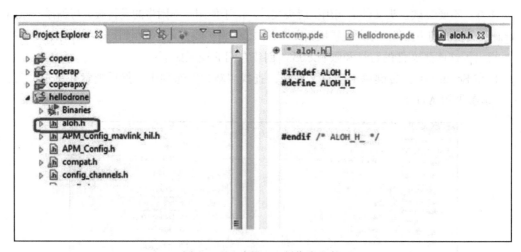

图 A11-3　步骤 3：制作头文件

4. 如果不会自动出现，请右键单击项目文件夹，然后查找"刷新"选项。请参见图 A11-4。

Project Explor
copera
coperap
coperapx
hellodror
Binar
aloh.
APM
APM
comp
confi
confi
Open in New Window
Copy
Ctrl+C
Paste
Ctrl+V
Delete
Delete
Remove from Context
Ctrl+Alt+Shift+Down
Source
Move...
Rename...
F2
Import...
Export...
Build Project
Clean Project
Refresh
F5

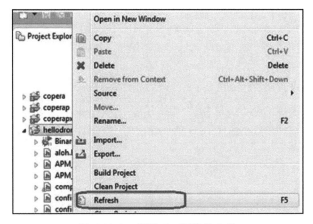

图 A11-4　步骤 4：制作头文件

5. 使用简单的定义或函数编辑头文件。请参见图 A11-5。

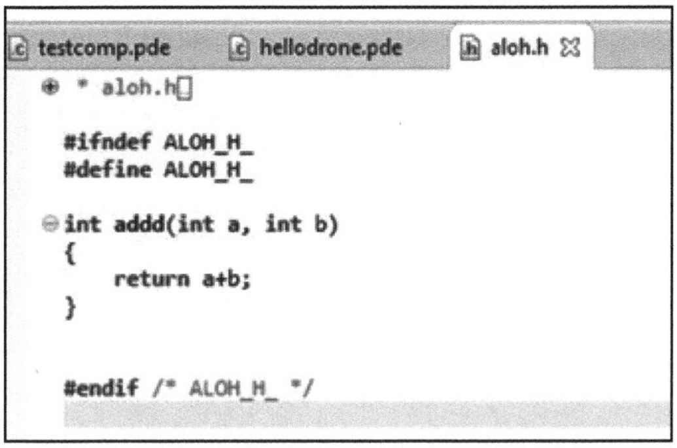

testcomp.pde
hellodrone.pde
aloh.h
* aloh.h
#ifndef ALOH_H_
#define ALOH_H_
int addd(int a, int b)
{
return a+b;
}
#endif /* ALOH_H_ */

图 A11-5　步骤 5：制作头文件

6. 要使用头文件中编码的定义或函数，必须首先在扩展头的 include 部分中的引号之间指出头的名称。之后，这些定义或函数的内容可以在主代码中或在辅助模块中使用。参见图 A11-6。

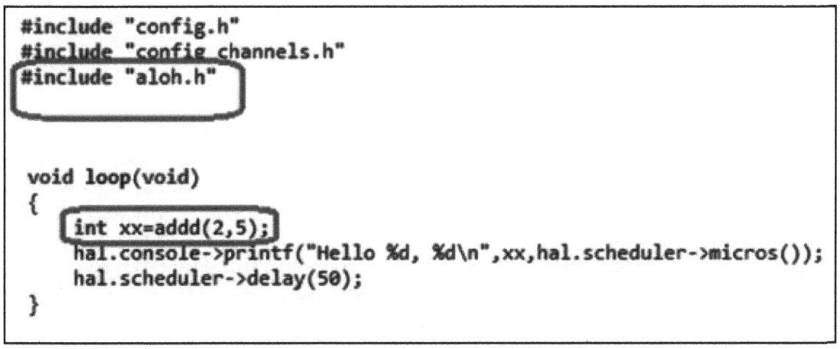

#include "config.h"
#include "config_channels.h"
#include "aloh.h"
void loop(void)
{
int xx=addd(2,5);
hal.console->printf("Hello %d, %d\n",xx,hal.scheduler->micros());
hal.scheduler->delay(50);
}

图 A11-6　步骤 6：制作头文件